职业技能提高实战演练丛书

UG NX 数控造型与编程

UG NX SHUKONG ZAOXING YU BIANCHENG

U0288094

编审委员会

主任　卜学军　李　钰

委员　刘　锐　刘宝丰　周宝冬　刘克城

　　　周　伟　徐洪义　刘桂平　董焕和

编写人员

主编　赵玉刚　朱　会

编者　杨　静　杨福玲　韩双立　贾启展

　　　戚　莹　刘子忠

主审　刘　锐

中国劳动社会保障出版社

图书在版编目（CIP）数据

UG NX 数控造型与编程/人力资源和社会保障部教材办公室组织编写. —北京：中国劳动社会保障出版社，2015

（职业技能提高实战演练丛书）

ISBN 978 - 7 - 5167 - 2022 - 6

Ⅰ.①U… Ⅱ.①人… Ⅲ.①数控机床-程序设计-应用软件-技术培训-教材 Ⅳ.①TG659 -39

中国版本图书馆 CIP 数据核字（2015）第 198456 号

中国劳动社会保障出版社出版发行

（北京市惠新东街 1 号　邮政编码：100029）

*

三河市华骏印务包装有限公司印刷装订　新华书店经销

787 毫米×1092 毫米　16 开本　12.75 印张　293 千字

2015 年 9 月第 1 版　2015 年 9 月第 1 次印刷

定价：**28.00** 元

读者服务部电话：（010）64929211/64921644/84643933

发行部电话：（010）64961894

出版社网址：http://www.class.com.cn

内 容 简 介

本书根据中等职业院校教学计划和教学大纲，由从事多年数控理论及实训教学的资深教师编写，集 UG NX 软件数控造型与编程理论知识和操作技能于一体，针对性、实用性较强，并加入了大量的加工实例，通过平面加工、型腔铣加工、固定轴曲面轮廓铣、孔加工、多轴加工等模块的学习，使学生在每一个模块完成过程中学习相关知识与技能，掌握 UG NX8.5 数控造型与编程相关知识与技能。

本书适用于中等职业院校 UG NX 数控实训教学。本书采用模块式结构，突破了传统教材在内容上的局限性，突出了系统性、实践性和综合性等特点。

由于时间仓促，加上编者水平有限，书中可能有不妥之处，望读者批评指正。

前　言

为了落实切实解决目前中职院校中机械设计制造类专业（含数控类专业）教材不能满足院校教学改革和培养技术应用型人才需要的问题，人力资源和社会保障部教材办公室组织一批学术水平高、教学经验丰富、实践能力强的老师与行业、企业一线专家，在充分调研的基础上，共同研究、编写了机械设计制造类专业（含数控类专业）相关课程的教材，共16 种。

在教材的编写过程中，我们贯彻了以下编写原则：

一是充分汲取中等职业院校在探索培养技术应用型人才方面取得的成功经验和教学成果，从职业（岗位）分析入手，构建培养计划，确定相关课程的教学目标。

二是以国家职业技能标准为依据，使内容分别涵盖数控车工、数控铣工、加工中心操作工、车工、工具钳工、制图员等国家职业技能标准的相关要求。

三是贯彻先进的教学理念，以技能训练为主线、相关知识为支撑，较好地处理了理论教学与技能训练的关系，切实落实"管用、够用、适用"的教学指导思想。

四是突出教材的先进性，较多地编入新技术、新设备、新材料、新工艺的内容，以期缩短学校教育与企业需要的距离，更好地满足企业用人的需要。

五是以实际案例为切入点，并尽量采用以图代文的编写形式，降低学习难度，提高学生的学习兴趣。

在上述教材的编写过程中，得到天津市职业技能鉴定中心教研室、天津市机电工艺学校的大力支持，教材的诸位主编、参编、主审等做了大量的工作，在此我们表示衷心的感谢！同时，恳切希望广大读者对教材提出宝贵的意见和建议，以便修订时加以完善。

人力资源和社会保障部教材办公室

目　录

《职业技能提高实战演练丛书》CONTENTS

模块一　UG NX8.5 数控加工入门 ················· 1
　　项目一　数控加工流程 ································· 1
　　项目二　数控加工环境设置及后置处理 ··········· 4

模块二　平面加工 ································· 31
　　项目一　夹具定位体加工（一） ··················· 31
　　项目二　夹具定位体加工（二） ··················· 42

模块三　型腔铣加工 ····························· 52
　　项目一　手机壳型腔加工 ··························· 52
　　项目二　冲模型芯加工 ····························· 65

模块四　固定轴曲面轮廓铣 ····················· 76
　　项目一　遥控器的加工 ····························· 76
　　项目二　产品部件的加工 ··························· 95

模块五　孔加工 ································· 113
　　项目一　法兰盘孔位加工 ··························· 113
　　项目二　夹具部件孔位加工 ······················· 128

模块六　多轴加工 ······························· 161
　　项目一　叶轮模型的加工 ··························· 161
　　项目二　螺旋桨模型的加工 ······················· 181

模块一

UG NX 8.5 数控加工入门

项目一　数控加工流程

项目目标

1. 了解 UG 的概念。

2. 了解 CAD/CAM 的概念。

3. 熟悉 UG 加工的整个流程。

项目描述

UG NX 是一款强大的设计软件，有多个主要功能模块，涉及设计、加工、分析等多个领域。对 CAD/CAM 进行介绍，并且对数控加工的流程进行简单说明。

项目分析

该项目介绍了 UG 软件的发展过程及软件的主要功能，同时介绍了加工的整个流程，使初学者有一个初步的了解。

项目知识与技能

一、UG 的概念

UG 是 Unigraphics 的缩写，这是一个交互式 CAD/CAM（计算机辅助设计与计算机辅助制造）系统，它功能强大，可以轻松实现各种复杂实体及造型的建构。它在诞生之初主要基于工作站，但随着 PC 硬件的发展和个人用户的迅速增长，在 PC 上的应用取得了迅猛的增长，目前已经成为模具行业三维设计的一个主流应用。UG 的开发始于 1990 年 7 月，它是基于 C 语言开发实现的。UG NX 是一个在二维和三维空间无结构网格上，使用自适应多重网格方法开发的一个灵活的数值求解偏微分方程的软件工具。其设计思想足够灵活地支持多种离散方案，因此，软件可对许多不同的应用再利用。一个给定过程的有效模拟需要来自应用领域（自然科学或工程）、数学（分析和数值数学）及计算机科学的知识。然而，所有这些技术在复杂应用中的使用并不是太容易，这是因为组合所有这些方法需要巨大的复杂性及交叉学科的知识。最终软件的实现变得越来越复杂，以至于超出了一个人能够管理的范围。一些非常成功的解偏微分方程的技术，特别是自适应网格加密（adaptive mesh refinement）和多重网格方法在过去的十年中已被数学家研究出来；同时，随着计算机技术的巨大进展，特别是大型并行计算机的开发带来了许多新的可能。UG 的目标是用最新的数学技术，即自适应局部网格加密、多重网格和并行计算，为复杂应用问题的求解提供一个灵活的、可再使用的软件基础。

UG NX 的主要功能包括以下几个方面：

1. 工业设计和风格造型

NX 为那些培养创造性和产品技术革新的工业设计与风格提供了强有力的解决方案。利用 NX 建模，工业设计师能够迅速地建立及改进复杂的产品形状，并且使用先进的渲染和可视化工具来最大限度地满足设计概念的审美要求。

2. 产品设计

NX 包括了世界上最强大、最广泛的产品设计应用模块。NX 具有高性能的机械设计和制图功能，为制造与设计提供了高性能和灵活性，以满足客户设计任何复杂产品的需要。NX 优于通用的设计工具，具有专业的管路和线路设计系统、钣金模块、专用塑料件设计模块和其他行业设计所需的专业应用程序。

3. 仿真、确认和优化

NX 允许制造商以数字化的方式仿真、确认和优化产品及其开发过程。通过在开发周期中较早地运用数字化仿真性能，制造商可以改善产品质量；同时，减少或消除对于物理样机耗时较多的设计、构建，以及对变更周期的依赖。

4. NC 加工

UG NX 加工基础模块提供连接 UG 所有加工模块的基础框架，它为 UG NX 所有加工模块提供一个相同的、界面友好的图形化窗口环境，用户可以在图形方式下观测刀具沿轨迹运动的情况，并可对其进行图形化修改，如对刀具轨迹进行延伸、缩短或修改等。该模块同时提供通用的点位加工编程功能，可用于钻孔、攻螺纹和镗孔等加工编程。该模块交互界面可按用户需求进行灵活的用户化修改和剪裁，并可定义标准化刀具库、加工工艺参数样板库，使粗加工、半精加工、精加工等操作常用参数标准化，以减少使用培训时间并优化加工工艺。UG 软件所有模块都可在实体模型上直接生成加工程序，并保持与实体模型全相关。UG NX 的加工后置处理模块使用户可方便地建立自己的加工后置处理程序，该模块适用于目前世界上几乎所有主流 NC 机床和加工中心，该模块在多年的应用实践中已被证明适用于2~5轴或更多轴的铣削加工、2~4轴的车削加工和电火花线切割。

5. 模具设计

UG 是当今较为流行的一种模具设计软件，主要是因为其功能强大。模具设计的流程很多，其中分模就是其中关键的一步。分模有两种：一种是自动的；另一种是手动的，当然也不是纯粹的手动，也要用到自动分模工具条的命令，即模具导向。

（1）自动分模

自动分模的过程分为以下七步：

1）分析产品，定位坐标，使 Z 轴方向和脱模方向一致。

2）塑模部件验证，设置颜色面。

3）补靠破孔。

4）拉出分型面。

5）抽取颜色面，将其与分型面和补孔的片体缝合，使之成为一个片体。

6）做箱体包裹整个产品，用缝好的片体分割。

7）分出上、下模具后，看是哪个与产品重合，重合的那边用产品求差即可。

（2）手动分模

手动分模具有很大的优势，是利用（注塑模向导）MoldWizard 分模所达不到的，在现场自动分模基本上是行不通的。但是里面的命令比较好用，可以用有关命令来提高工作效率。

6. 开发解决方案

NX 产品开发解决方案完全支持制造商所需的各种工具，可用于管理过程并与扩展的企业共享产品信息。NX 与 UGS PLM 其他解决方案的完整套件无缝结合。这些对于 CAD、CAM 和 CAE 在可控环境下的协同、产品数据管理、数据转换、数字化实体模型和可视化都是一个补充。UG 主要客户包括通用汽车、通用电气、福特、波音麦道、洛克希德、劳斯莱斯、普惠发动机、日产、克莱斯勒以及美国军方。几乎所有飞机发动机和大部分汽车发动机都采用 UG 进行设计，充分体现了 UG 在高端工程领域，特别是军工领域的强大实力。在高端领域与 CATIA 并驾齐驱。

二、CAD/CAM 的概念

计算机辅助设计（CAD）是指利用计算机辅助设计一个单独的零件或一个系统，设计过程包含计算机图形学。

CAD 系统是一个设计工具，它支持设计过程的所有阶段——方案设计、初步设计和最后设计。设计目标的显示是 CAD 系统最有价值的特征之一，计算机图形学使设计人员能够在计算机屏幕上显示、放大、缩小、旋转设计目标而对其进行研究。

大多数 CAD 系统使用交互式图形系统，用户能够直接与计算机对话，以便产生、处理和修改图形。

许多 CAD 系统的最终产品是设计图样，在与计算机连接的绘图仪上产生。

计算机辅助制造（CAM）是指使用计算机辅助制造一个零件。CAM 有两种类型：一是联机应用，使用计算机实时控制制造系统，如机床的 CNC 系统；二是脱机应用，使用计算机进行生产计划的编制及非实时地辅助制造零件，例如，用 APT 语言在穿孔纸带上制备零件程序，或在机械加工中模拟显示刀具轨迹等。

CAD/CAM 是一个统一的软件系统，其中 CAD 系统在计算机内部与 CAM 系统相连接。CAD/CAM 的最终结果常常是以穿孔纸带等形式输出零件的加工程序，在当前使用的 CAD/CAM 系统中，输出的零件程序可以直接送入 CNC 机床的控制计算机中。

CAD/CAM 系统的主要原理是产生一个公用数据库，用于设计和制造全过程。它们包括制定产品规格、方案设计、最后设计、绘图、制造和检验。在该过程的每一阶段，数据都可以进行增加、修改、调用，并分布于计算机和终端的网络中。这就减少了单独数据库提供的人为误差，大大缩短了从产品基本设想的形成到最后实际产品的制造所需的时间。

三、UG 加工的整个流程

UG NX 8.5 能够模拟数控加工的全过程，其一般流程如下：

1. 创建制造模型，包括创建或获取设计模型，以及工件规划。
2. 加工工艺规划。
3. 进入加工环境。
4. 进行 NC 操作（如创建程序、几何体、刀具等）。
5. 创建刀具路径文件，进行加工仿真。
6. 利用后处理器生成 NC 代码。

项目二　数控加工环境设置及后置处理

项目目标

1. 了解 UG NX8.5 数控加工的基本环境。
2. 掌握数控加工的基本过程。
3. 掌握 UG NX8.5 数控加工的基本操作。

项目描述

通过减速箱下箱体的加工过程详细讲解 UG NX 数控加工的一般操作过程，包括零件模型加工操作的创建、刀具轨迹的模拟仿真和后处理。通过该实例使读者对 UG NX 数控加工有一个初步认识，并能熟悉其一般操作过程。

项目分析

该项目介绍了 UG 软件对一个零件整个加工流程的操作，帮助初学者得到一定的认知效果。

项目知识与技能

一、UG NX8.5 加工模块的进入

1. 进入加工模块

如图 1—2—1 所示，选择"开始"→"加工"命令，即可进入加工模块；也可以使用快捷键 Ctrl + Alt + M 进入加工模块。

2. 加工环境设置

当一个零件第一次进入加工模块时，打开如图 1—2—2 所示的"加工环境"对话框，要求先选择一个加工环境。"要创建的 CAM 设置"列表框中的选项是一些模板文件，选择一个选项，单击"确定"按钮后，系统将调用相应的加工模板和相关的数据。

图 1—2—1 "开始"菜单

图 1—2—2 "加工环境"对话框

3. 操作实例

（1）打开模型文件

启动 UG NX 8.5，选择"文件"→"打开"命令，弹出如图 1—2—3 所示的"打开"对话框，在"查找范围"下拉列表框中选择目录 D：\ Modular1 \ project2 \ mode1-1，在列表框中选择"mode1-1"文件，单击"OK"按钮，打开模型文件。

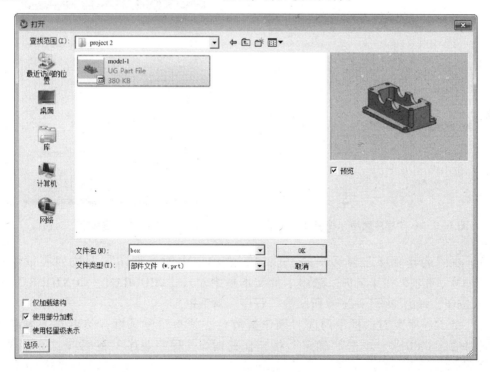

图 1—2—3 "打开"对话框

（2）进入加工模块

1）选择"开始"→"加工"命令，或使用快捷键 Ctrl + Alt + M 进入加工模块，弹出

"加工环境"对话框，如图 1—2—2 所示。

2）在"CAM 会话配置"列表框中选择"cam_ general"选项，在"要创建的 CAM 设置"列表框中选择"mill contour"模板。单击"确定"按钮，进入加工环境。

二、创建程序

1. 加工程序概述

程序主要用于排列各加工操作的次序，并可方便地对各个加工操作进行管理。例如，一个复杂零件的所有操作（包括粗加工、半精加工、精加工等）需要在不同的机床上完成，将在同一机床上加工的操作组合成一个程序组，就可以直接选取这些操作所在的父节点程序组进行后处理。在程序顺序视图中，合理地安排程序组，可以在一次后处理中输出多个操作。

2. 创建程序操作实例

（1）单击"导航器"工具条中的"程序顺序视图"按钮，将导航器切换到"程序顺序"视图（一），如图 1—2—4 所示。

（2）选择"插入"→"程序"命令，或单击"插入"工具条中的"创建程序"按钮，弹出如图 1—2—5 所示的"创建程序"对话框。

图 1—2—4 "程序顺序"视图（一）　　　　图 1—2—5 "创建程序"对话框

（3）在"创建程序"对话框的"位置"选项卡中的"程序"下拉列表框中选择"PROGRAM"选项，在"名称"选项卡的文本框中输入"PROGRAM_ CONTOUR"，单击"确定"按钮，弹出如图 1—2—6 所示的"程序"对话框。

（4）在"程序"对话框中勾选"操作员消息　状态"复选框，然后在下方激活的文本框中输入"001"，单击"确定"按钮。此时，"程序顺序"视图（二）如图 1—2—7 所示。

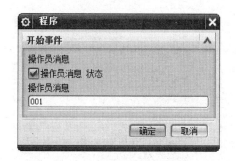

图1—2—6 "程序"对话框

图1—2—7 "程序顺序"视图（二）

三、创建几何体

1. 创建加工坐标系

（1）在如图1—2—8所示的"导航器"工具条中单击"几何视图"按钮，将工序导航器切换到几何视图，如图1—2—9所示。

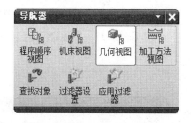

图1—2—8 "导航器"工具条

图1—2—9 几何视图

（2）双击 MCS_MILL，弹出如图1—2—10所示的"MCS 铣削"对话框，单击"CSYS"按钮，弹出"CSYS"对话框。在"类型"下拉列表框中选择"偏置CSYS"选项，设置如图1—2—11所示的参数，单击"确定"按钮。

2. 创建安全平面

（1）在"MCS 铣削"对话框的"安全设置选项"下拉列表框中选择"平面"选项，然后单击"指定平面"按钮图，如图1—2—12所示，弹出"平面"对话框，如图1—2—13所示。

（2）选择如图1—2—14所示的偏置面，在"平面"对话框的"距离"文本框中输入数值10，单击"确定"按钮，再单击"确定"按钮，完成后的安全平面如图1—2—15所示。

图 1—2—10 "MCS 铣削"对话框

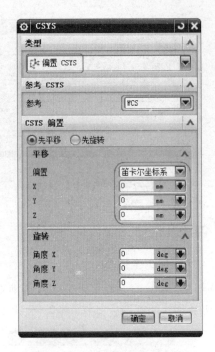

图 1—2—11 "CSYS"对话框

图 1—2—12 "MCS 铣削"对话框

图 1—2—13 "平面"对话框

3. 创建工件几何体

在"工序导航器—几何"视图中，双击 WORKPIECE 节点，弹出如图 1—2—16 所示的 "工件"对话框，单击"部件几何体"按钮 ，弹出如图 1—2—17 所示的"部件几何体"对话框，在绘图区选择整个模型为部件几何体，单击"确定"按钮，完成部件几何体的创建。

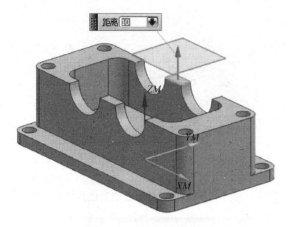

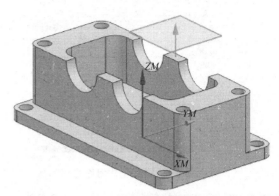

图1—2—14 选择偏置面   图1—2—15 安全平面

图1—2—16 "工件"对话框   图1—2—17 "部件几何体"对话框

4. 创建毛坯几何体

在"工件"对话框中单击"毛坯几何体"按钮⬡，弹出如图1—2—18所示的"毛坯几何体"对话框，在"类型"下拉列表框中选择"包容块"选项，设置如图1—2—18所示的参数，单击"确定"按钮，再次单击"确定"按钮，创建完成的毛坯几何体如图1—2—19所示。

四、创建刀具

1. 创建刀具组概述

在加工过程中，刀具是从毛坯上切除材料的工具。在创建一个加工操作时必须使用刀具或从刀具库中选取刀具。刀具的定义直接关系到加工表面质量的优劣、加工精度及加工成本的高低。

选择"插入"→"刀具"命令，或单击"插入"工具条中的"创建刀具"按钮，弹出如图1—2—20所示的"创建刀具"对话框。该对话框可用来创建所需刀具或选择合适的刀具。

图1—2—18 "毛坯几何体"对话框

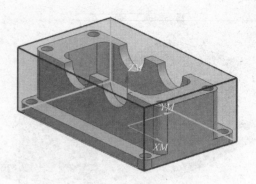

图1—2—19 创建完成的毛坯几何体

2. 创建刀具组操作实例

（1）在"导航器"工具条中单击"机床视图"按钮，将工序导航器切换到机床视图。单击"插入"工具栏中的"创建刀具"按钮，弹出"创建刀具"对话框，如图1—2—20所示。选择加工类型为"mill_ contour"，"刀具子类型"为，"刀具"组为"GENERIC_ MACHINE"，输入刀具"名称"为"TOOL1D16R2"，单击"应用"按钮。在弹出的"铣刀-5 参数"对话框中设置刀具参数，如图1—2—21所示，单击"确定"按钮。

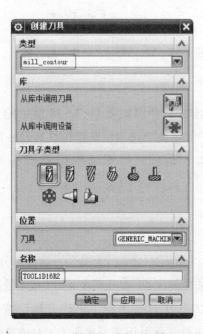

图1—2—20 "创建刀具"对话框（一）

图1—2—21 "铣刀-5 参数"对话框

（2）创建第二把刀具。在"创建刀具"对话框中选择加工类型为"mill_contour"，"刀具子类型"为 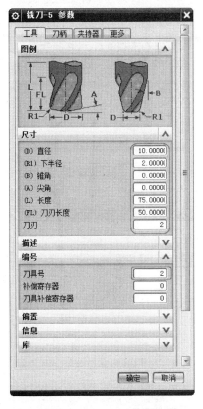，"刀具"组为"GENERIC_MACHINE"，输入刀具"名称"为"TOOL2D10R2"，单击"应用"按钮。在弹出的"铣刀-5 参数"对话框中设置刀具参数，单击"确定"按钮，如图1—2—22所示，完成第二把刀具的创建。

（3）创建第三把刀具。在"创建刀具"对话框中选择加工类型为"mill_contour"，"刀具子类型"为 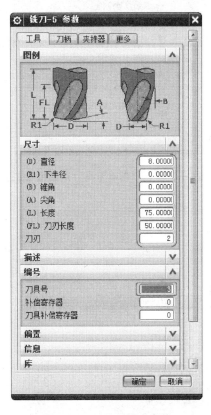，"刀具"组为"GENERIC_MACHINE"，输入刀具"名称"为"TOOL3D8RO"，单击"应用"按钮。在弹出的"铣刀-5 参数"对话框中设置刀具参数，单击"确定"按钮，如图1—2—23所示，完成第三把刀具的创建。

图1—2—22　刀具2参数　　　　图1—2—23　刀具3参数

（4）创建第四把刀具。在"创建刀具"对话框中选择加工类型为"mill_contour"，"刀具子类型"为 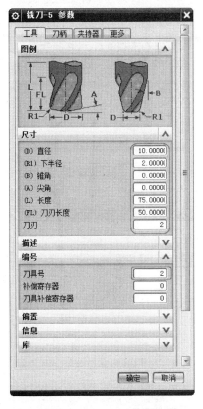，"刀具"组为"GENERIC_MACHINE"，输入刀具"名称"为"TOOL4BD8"，如图1—2—24所示，单击"应用"按钮。在弹出的"铣刀-球头铣"对话框中设置刀具参数，单击"确定"按钮，如图1—2—25所示，完成第四把刀具的创建。

（5）创建第五把刀具。在"创建刀具"对话框中选择加工类型为"mill_planar"，"刀具子类型"为 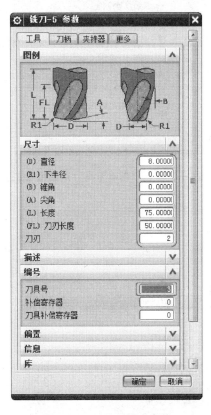，"刀具"组为"GENERIC_MACHINE"，输入刀具"名称"为"TOOL5D1004R5"，如图1—2—26所示，单击"应用"按钮。在弹出的"铣刀-T型刀"对话框中设置刀具参数，单击"确定"按钮，如图1—2—27所示，完成第五把刀具的创建。

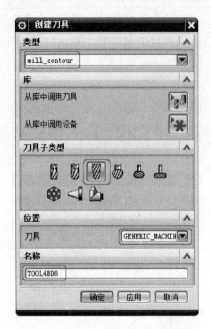

图 1—2—24 "创建刀具"对话框（二）

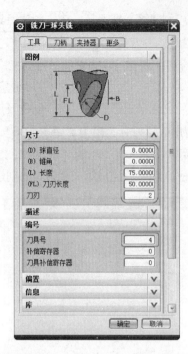

图 1—2—25 "铣刀-球头铣"对话框

图 1—2—26 "创建刀具"对话框（三）

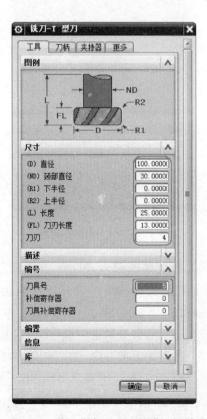

图 1—2—27 "铣刀-T 型刀"对话框

（6）创建第六把刀具。在"创建刀具"对话框中选择加工类型为"drill"，"刀具子类型"为 ，"刀具"组为"GENERIC_ MACHINE"，输入刀具"名称"为"TOOL6D6"，如图1—2—28所示，单击"确定"按钮。在弹出的"钻刀"对话框中设置刀具参数，单击"确定"按钮，如图1—2—29所示，完成第六把刀具的创建。

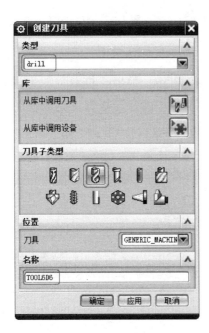

图1—2—28 "创建刀具"对话框（四）

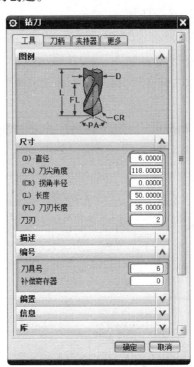

图1—2—29 "钻刀"对话框

（7）创建完成后的刀具在"机床"视图上显示如图1—2—30所示。

五、创建加工方法

1. 设置加工方法概述

零件在加工过程中，为了保证精度，通常需要经过粗加工、半精加工、精加工几个步骤，而它们的主要差异在于加工后残留在工件上余料的多少、进给速度及加工后零件的表面粗糙度。

加工方法可以通过对加工余量、切削步距、几何体的内公差与外公差、进给速度等选项的设置，从而控制加工残留余量。

图1—2—30 创建的刀具

UG NX系统已经创建了一些加工方法，如图1—2—31所示，在一些简单的加工过程中，只需修改其中的一些参数即可。当然，也可以通过选择"插入"→"方法"命令，或单击"插入"工具条中的"创建方法"按钮 来创建加工方法。

2. 创建加工方法操作实例

（1）设置粗加工方法

1）在"导航器"工具条中单击"加工方法视图"按钮 ，将工序导航器切换到加工方法视图，如图1—2—31所示。

2）双击 MILL_ROUGH 节点，弹出"铣削粗加工"对话框，如图1—2—32所示。设置"部件余量"值为0.6，"内公差"值为0.03，"外公差"值为0.03。

图1—2—31　加工方法视图

3）单击"铣削粗加工"对话框中的"进给"按钮，弹出"进给"对话框，参数的设置如图1—2—33所示。单击"确定"按钮，再单击"确定"按钮，完成粗加工方法的设置。

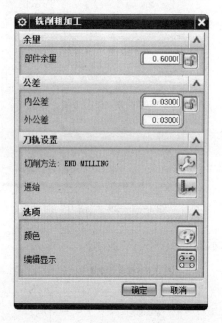

图1—2—32　"铣削粗加工"对话框

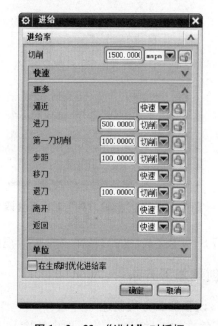

图1—2—33　"进给"对话框

（2）设置半精加工方法

1）在"工序导航器-加工方法"视图中双击 MILL_SEMI_FINISH 节点，弹出"铣削半精加工"对话框，按照图1—2—34所示设置"部件余量""内公差"和"外公差"的值。

2）单击"铣削半精加工"对话框中的"进给"按钮，弹出"进给"对话框，参数的设置如图1—2—35所示。单击"确定"按钮，再单击"确定"按钮，完成半精加工方法的设置。

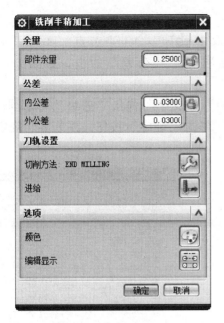

图1—2—34 "铣削半精加工"对话框

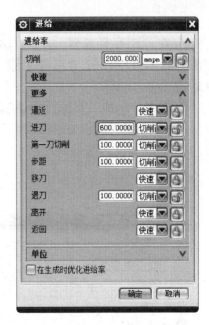

图1—2—35 "进给"对话框

（3）设置精加工方法

1）在"工序导航器-加工方法"视图中双击 MILL_FINISH节点，弹出"铣削精加工"对话框，设置"部件余量""内公差"和"外公差"的值，如图1—2—36所示。

2）单击"铣削精加工"对话框中的"进给"按钮，弹出"进给"对话框，参数的设置如图1—2—37所示。单击"确定"按钮，再单击"确定"按钮，完成精加工方法的设置。

图1—2—36 "铣削精加工"对话框

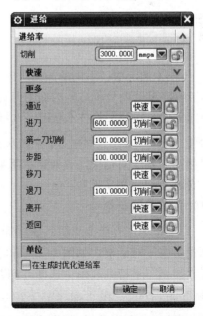

图1—2—37 "进给"对话框

（4）设置钻孔加工方法

1）在"工序导航器–加工方法"视图中双击 DRILL_METHOD 节点，弹出"钻加工方法"对话框，设置"部件余量""内公差"和"外公差"的值，如图 1—2—38 所示。

2）单击"钻加工方法"对话框中的"进给"按钮，弹出"进给"对话框，按照图 1—2—39 所示设置切削速度和进刀速度的值。单击"确定"按钮，再单击"确定"按钮，完成钻孔加工方法的设置。

图 1—2—38 "钻加工方法"对话框　　　　**图 1—2—39 "进给"对话框**

六、创建工序

1. 创建工序概述

在 UG NX 加工中，不同的加工机床和加工方法所对应的 NC 序列设置项目将有所不同，每种加工程序设置项目所产生的加工刀具路径参数形态及适用状态也有所不同。所以，用户可以根据零件图样及工艺技术状况，选择合理的加工操作。

选择"插入"→"操作"命令，或者单击"插入"工具条中的"创建工序"按钮，弹出"创建工序"对话框。该对话框用来创建符合加工要求的操作。

2. 创建工序应用实例

（1）创建粗铣操作

1）创建粗加工方法节点组。在"加工创建"工具条中单击"创建工序"按钮，弹出"创建工序"对话框，如图 1—2—40 所示。

在"类型"下拉列表框中选择"mill_contour"选项，在"工序子类型"选项组中单击"型腔铣"按钮，在"程序"下拉列表框中选择"PROGRAM_CONTOUR"选项，在"刀具"下拉列表框中选择"TOOL1D16R2"选项。

在"几何体"下拉列表框中选择"WORKPIECE"选项，在"方法"下拉列表框中选择"MILL_ ROUGH"选项，输入名称为"ROUGH_ MILL"，如图1—2—40所示，单击"确定"按钮，弹出"型腔铣"对话框。

2）设置"型腔铣"加工主要参数。在"型腔铣"对话框的"切削模式"下拉列表框中选择"跟随周边"选项，在"步距"下拉列表框中选择"刀具平直百分比"选项，在"平面直径百分比"文本框中输入数值50，在"最大距离"文本框中输入数值6，如图1—2—41所示，其他加工参数采用默认值。

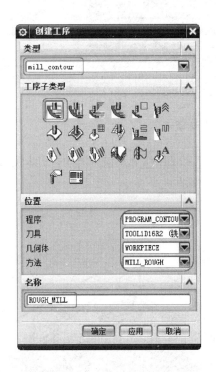

图1—2—40 "创建工序"对话框

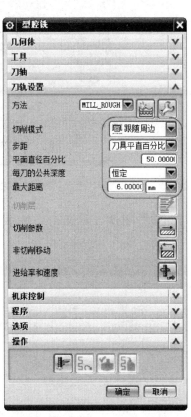

图1—2—41 "型腔铣"对话框

3）设置切削参数。在"型腔铣"对话框中单击"切削参数"按钮，弹出"切削参数"对话框，在"策略"选项卡的"刀路方向"下拉列表框中选择"向内"选项；其余的切削参数采用系统默认设置，如图1—2—42所示。单击"确定"按钮，完成切削参数的设置。

4）设置非切削参数。在"型腔铣"对话框中单击"非切削移动"按钮，弹出"非切削移动"对话框，在"进刀"选项卡的"斜坡角"文本框中输入数值10。其余的非切削参数采用系统默认设置，如图1—2—43所示。单击"确定"按钮，完成非切削移动的设置。

5）单击"确定"按钮，完成粗铣。

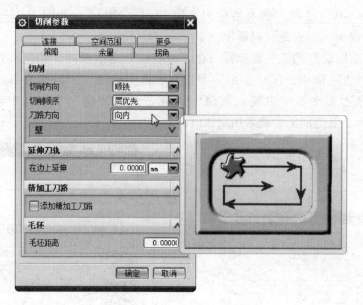

图 1—2—42 "策略"选项卡

在"固定轮廓铣"对话框中单击"生成刀轨"按钮 ，系统生成的刀具轨迹如图 1—2—44 所示。

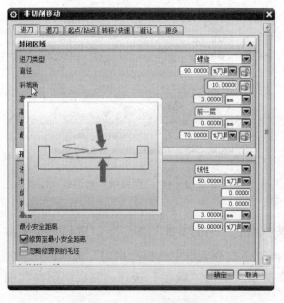

图 1—2—43 "进刀"选项卡

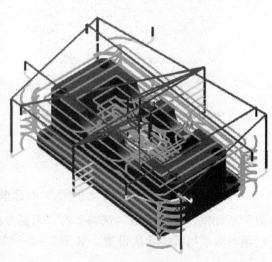

图 1—2—44 刀具轨迹

（2）创建半精加工操作

1）复制 ROUGH_ MILL 节点。在"导航器"工具条中单击"程序视图"按钮 ，将工序导航器切换到"程序顺序"视图，如图 1—2—45 所示。

选择 ROUGH_ MILL 节点，单击鼠标右键，在弹出的快捷菜单中选择"复制"命令，然后选择 PROGRAM_ CONTOUR 节点，单击鼠标右键，在弹出的快捷菜单中选择"内部粘贴"命令。

重命名复制的节点，选择复制节点，单击鼠标右键，在弹出的快捷菜单中选择"重命名"命令，输入名称"SEMI_ FINISH_ MILL"，创建的节点如图1—2—46所示。

图1—2—45 "程序顺序"视图

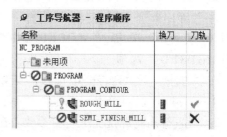

图1—2—46 创建的节点

2）修改节点参数。在"工序导航器-程序顺序"视图中双击 SEMI_ FINISH_ MILL 节点，弹出"型腔铣"对话框，在"刀具"下拉列表框中选择"TOOL2D10R2"选项；在"方法"下拉列表框中选择"MILL_ SEMI_ FINISH"选项；其他参数的设置如图1—2—47所示。

3）单击"确定"按钮。

在"固定轮廓铣"对话框中单击"生成刀轨"按钮，系统生成的刀具轨迹如图1—2—48所示。

图1—2—47 "型腔铣"对话框

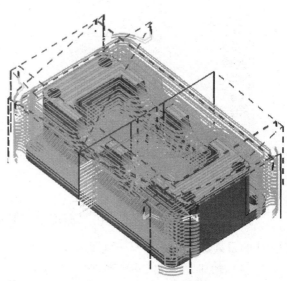

图1—2—48 刀具轨迹

（3）精加工侧面

1）创建等高轮廓铣操作。在"加工创建"工具条中单击"创建工序"按钮 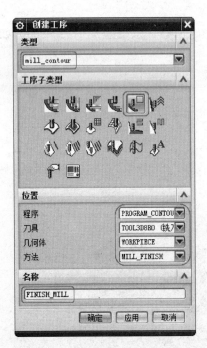，弹出"创建工序"对话框（见图1—2—49），在"类型"下拉列表框中选择"mill_contour"选项，在"工序子类型"选项组中单击"等高轮廓铣"按钮 。

在"程序"下拉列表框中选择"PROGRAM_CONTOUR"选项，在"几何体"下拉列表框中选择"WORKPIECE"选项，在"刀具"下拉列表框中选择"TOOL3D8RO"选项。

在"方法"下拉列表框中选择"MILL_FINISH"选项，输入名称"FINISH_MILL"，如图1—2—49所示，单击"确定"按钮，弹出"深度加工轮廓"对话框。

2）设置等高轮廓铣加工主要参数。在"深度加工轮廓"对话框的"合并距离"文本框中输入数值3，在"最小切削长度"文本框中输入数值1，在"最大距离"文本框中输入数值1，如图1—2—50所示，其他加工参数采用默认值。

图1—2—49 "创建工序"对话框

图1—2—50 "深度加工轮廓"对话框

3）单击"确定"按钮。在"深度加工轮廓"对话框中单击"生成刀轨"按钮 ，生成的刀具轨迹如图1—2—51所示。

（4）精加工工件的4个曲面

1）创建区域铣削驱动方式的固定轴轮廓铣操作。在"加工创建"工具条中单击"创建工序"按钮 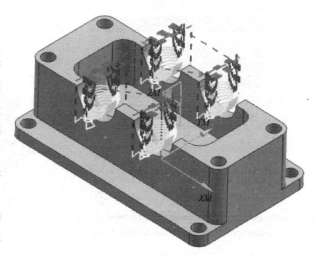，弹出"创建工序"
对话框，如图 1—2—52 所示。

在"类型"下拉列表框中选择
"mill_ contour"选项，在"工序子类
型"选项组中单击"固定轴轮廓铣"
按钮 ，在"程序"下拉列表框中选
择"PROGRAM_ CONTOUR"选项，
在"几何体"下拉列表框中选择
"WORKPIECE"选项。

在"刀具"下拉列表框中选择
"TOOL4BD8"选项，在"方法"下拉
列表框中选择"MILL_ FINISH"选
项，输入名称"FINISH_ MILL2"，

图 1—2—51　刀具轨迹

如图 1—2—52 所示。单击"确定"按钮，弹出如图 1—2—53 所示的"固定轮廓铣"对
话框。

图 1—2—52　"创建工序"对话框

图 1—2—53　"固定轮廓铣"对话框

2）选择切削区域。在"固定轮廓铣"对话框中单击"指定切削区域"按钮 ，弹出
"切削区域"对话框，如图 1—2—54 所示。选择如图 1—2—55 所示的曲面，单击"确定"
按钮，完成切削区域的选择。

图 1—2—54　"切削区域"对话框

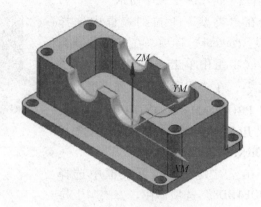

图 1—2—55　选择的曲面

3）设置驱动参数。在"固定轮廓铣"对话框中"驱动方法"面板的"方法"下拉列表框中选择"区域铣削"选项，弹出"区域铣削驱动方法"对话框，设置如图 1—2—56 所示的参数，其他参数采用系统的默认设置。单击"确定"按钮，完成指定驱动参数的设置。

在"固定轮廓铣"对话框中单击"生成刀轨"按钮 ，生成的刀具轨迹如图 1—2—57 所示。单击"确定"按钮。

图 1—2—56　"区域铣削驱动方法"对话框

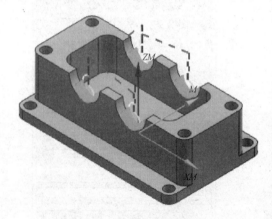

图 1—2—57　刀具轨迹

（5）精加工接合面

1）在"加工创建"工具条中单击"创建工序"按钮 ，弹出"创建工序"对话框（见图 1—2—58），在"类型"下拉列表框中选择"mill_planar"选项，在"工序子类型"选项组中单击"面铣"按钮 ，在"程序"下拉列表框中选择"PROGRAM"选项。

在"几何体"下拉列表框中选择"WORKPIECE"选项，在"刀具"下拉列表框中选择 TOOL5D1004R5，在"方法"下拉列表框中选择"MILL_FINISH"选项，输入名称

"FINISH_ MILL3",如图1—2—58所示。单击"确定"按钮,弹出如图1—2—59所示的"面铣"对话框。

图1—2—58 "创建工序"对话框

图1—2—59 "面铣"对话框

2)设置面铣操作部件边界。在"面铣"对话框的"几何体"面板中单击"面边界"按钮,弹出"指定面几何体"对话框,如图1—2—60所示。

单击"指定面几何体"对话框中的"点边界"按钮,然后依次选择如图1—2—61所示的4个顶点,再次选择第一个顶点,单击"确定"按钮,完成边界的设置。

图1—2—60 "指定面几何体"对话框

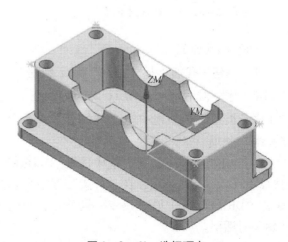

图1—2—61 选择顶点

3）设置刀轴。在"面铣"对话框中"刀轴"面板的"轴"下拉列表框中选择"+ZM 轴"选项，如图1—2—62所示。

4）设置平面铣参数。在"切削模式"下拉列表框中选择"⊟往复"选项；在"步距"下拉列表框中选择"刀具平直百分比"选项；在"平面直径百分比"文本框中输入数值75；在"毛坯距离"文本框中输入数值3；在"每刀深度"文本框中输入数值0.5；在"最终底面余量"文本框中输入数值0，如图1—2—62所示，单击"确定"按钮。

在"面铣"对话框中单击"生成刀轨"按钮 📙，系统生成的刀具轨迹如图1—2—63所示。

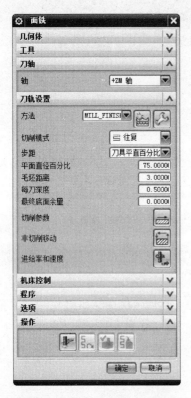

图1—2—62 "面铣"对话框

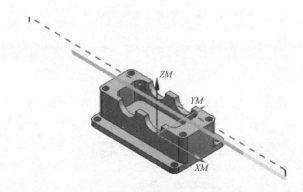

图1—2—63 刀具轨迹

（6）钻孔加工

1）创建钻孔加工操作。在"加工创建"工具条中单击"创建工序"按钮 📌，弹出"创建工序"对话框（见图1—2—64），在"类型"下拉列表框中选择"drill"选项，在"工序子类型"选项组中单击"钻孔"按钮 ⏷，在"程序"下拉列表框中选择"PRO-GRAM"选项。

在"几何体"下拉列表框中选择"WORKPIECE"选项，在"刀具"下拉列表工序中选择"TOOL6D6"选项，在"方法"下拉列表框中选择"DRILL_ METHOD"选项，输入名称"DRILLING"，如图1—2—64所示，单击"确定"按钮，弹出如图1—2—65所示的"钻"对话框。

图1—2—64 "创建工序"对话框

图1—2—65 "钻"对话框

2）指定加工的孔。在弹出的"钻"对话框中单击"指定孔"按钮 ，弹出"点到点几何体"对话框，如图1—2—66所示。

单击"选择"按钮，弹出如图1—2—67所示的"选择"对话框。在图形区选择如图1—2—68所示的8个孔，依次单击"确定"按钮。

图1—2—66 "点到点几何体"对话框

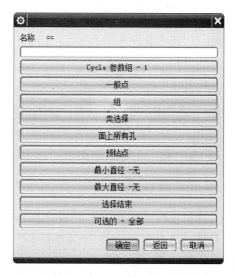

图1—2—67 "选择"对话框

3）设置钻孔加工循环类型。在"钻"对话框的"循环类型"面板中单击"循环"后的"编辑"按钮，弹出如图1—2—69所示的"指定参数组"对话框。

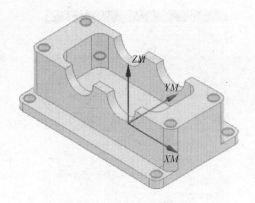

图 1—2—68 指定孔

图 1—2—69 "指定参数组"对话框

单击"确定"按钮，弹出如图 1—2—70 所示的"Cycle 参数"对话框；单击"Depth-模型深度"按钮，弹出如图 1—2—71 所示的"Cycle 深度"对话框；单击"穿过底面"按钮，然后依次单击"确定"按钮。

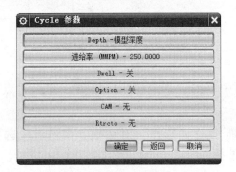

图 1—2—70 "Cycle 参数"对话框

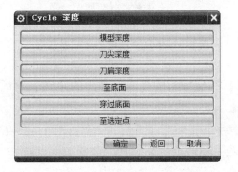

图 1—2—71 "Cycle 深度"对话框

4）设置钻孔加工主要参数。在"循环类型"面板的"最小安全距离"文本框中输入数值 35，在"深度偏置"面板的"通孔安全距离"文本框中输入数值 1.5，在"盲孔余量"文本框中输入数值 0，其他参数采用系统的默认设置，如图 1—2—72 所示。

5）在"钻"对话框中单击"确定"按钮。

七、生成刀具轨迹

刀具轨迹简称刀轨，是指在图形窗口中显示已生成的刀具路径，通过生成刀轨可以查看加工过程，检查加工过程中产生的问题，初步判断加工后零件的质量。

加工仿真是指在计算机屏幕上对工件材料进行去除的动态模拟，它比生成的刀具轨迹更直观。下面通过实例来介绍创建工序的应用。

1. 在工序导航器中选择前面创建的 6 个加工操作，如

图 1—2—72 "钻"对话框

图 1—2—73 所示，单击鼠标右键，弹出如图 1—2—74 所示的快捷菜单，选择其中的"生成"命令，可查看所有工序的刀具轨迹，第一个工序刀轨生成后，弹出如图 1—2—75 所示的"刀轨生成"对话框。

图 1—2—73　选择加工操作　　　　　　图 1—2—74　快捷菜单

　　取消勾选"每一刀轨后暂停"和"每一刀轨前刷新"复选框，单击"确定"按钮，系统计算出所有工序的刀轨，完成后弹出如图 1—2—76 所示的"生成刀轨"对话框。

　　单击"接受刀轨"按钮；选择"刀轨"→"确认"命令，弹出如图 1—2—77 所示的"刀轨可视化"对话框。

图 1—2—75　"刀轨生成"对话框　　　　图 1—2—76　"生成刀轨"对话框

　　2. 在"刀轨可视化"对话框中选择"2D 动态"选项卡，单击"播放"按钮 ▶ ，系统进入加工仿真环境。单击"确定"按钮。

八、后置处理

1. 概述

"车间文档"命令用来生成车间工艺文档并能以多种格式输出。UG NX 提供了一个车间文档生成器，它从 NC 文件中提取对加工车间有用的 CAM 文本和图形信息，包括数控程序中用到的刀具参数、操作次序、加工方法、切削参数。操作工、刀具仓库工人或其他需要了解有关信息的人员都可方便地查看、使用车间工艺文档。

CLSF 文件就是刀具位置源文件，是一个可用第三方后处理程序进行后处理的独立文件。它是一个包含标准 APT 命令的文本文件，其扩展名为 .cls。

在选择程序组进行刀具位置源文件输出时，应确保程序组中包含的各操作可在同一机床上完成。

如果一个程序组包含多个用于不同机床的刀具路径，则在输出刀具路径前，应先用导航工具重新组织程序结构，使用于不同机床的刀具路径处于不同的程序组中。

2. 输出车间文档和 CLSF 文件操作实例

（1）创建粗加工、半精加工和精加工操作后的"工序导航器-程序顺序"视图如图 1—2—78 所示。选择"PRO-GRAM_ CONTOUR"节点，在"加工操作"工具条中单击"车间文档"按钮 ，或选择"信息"→"车间文档"命令，弹出"车间文档"对话框，如图 1—2—79 所示。

图 1—2—77 "刀轨可视化"对话框

图 1—2—78 "工序导航器-程序顺序"视图

图 1—2—79 "车间文档"对话框

（2）在"报告格式"列表框中选择输出格式"Operation List Select（TEXT）"选项，在"文件名"文本框中指定输出文件的路径和文件名称，单击"确定"按钮，打开"信息"窗口，如图1—2—80所示。查看信息后，关闭"信息"窗口。

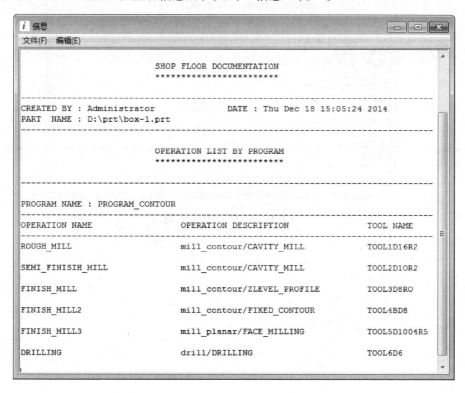

图1—2—80 "信息"窗口

（3）在"加工操作"工具条中单击"CLSF 输出"按钮 ，或选择"工具"→"工序导航器"→"输出"→"CLSF"命令，弹出"CLSF 输出"对话框，如图 1—2—81 所示。

（4）在"CLSF 格式"列表框中选择"CLSF_STANDARD"选项，在"文件名"文本框中指定输出文件的路径和文件名称。单击"确定"按钮，打开"信息"窗口，如图1—2—82所示。查看信息后，关闭"信息"窗口。

图1—2—81 "CLSF 输出"对话框

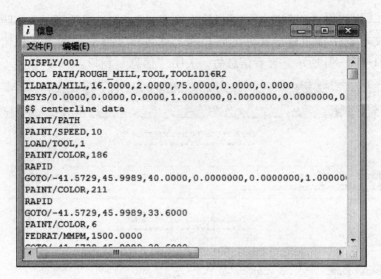

图1—2—82 "信息"窗口

模块二

平 面 加 工

项目一　夹具定位体加工（一）

项目目标

1. 掌握零件的创建方式。
2. 了解平面铣削操作中的切削模式和步距。
3. 了解平面铣削操作中的切削层。
4. 了解平面铣削操作中切削参数的设置。

项目描述

该项目介绍了夹具体的创建方法以及平面铣削基本参数的设置。

项目分析

本项目利用简单的零件讲解了平面铣削的基本操作步骤，可以让学习者掌握平面铣削的应用。

项目知识与技能

一、项目模型

夹具定位体模型如图 2—1—1 所示。

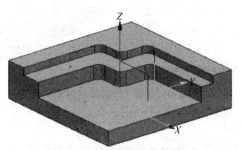

图 2—1—1　夹具定位体模型

二、设计步骤

第一步 建立新文件

（1）选择"开始"→"所有程序"→"Siemens NX8.5"→"NX8.5"命令，进入 NX8.5 启动界面。

（2）在 NX8.5 启动界面中选择"文件"→"新建"命令，或单击工具栏中 按钮，弹出"新建"对话框。

（3）在对话框中输入零件名称 mode2-1.prt，设置文件保存路径为 D：\ Modular2 \ project1 \ mode2-1.prt，单击"确定"完成新建文件。

第二步 创建拉伸实体

（1）选择"草图"按钮 ，创建 100 mm×100 mm 的正方形，单击"完成草图"按钮 ，如图 2—1—2 所示。

（2）选择"拉伸"按钮，拉伸深度为 10 mm，如图 2—1—3 所示创建拉伸实体。

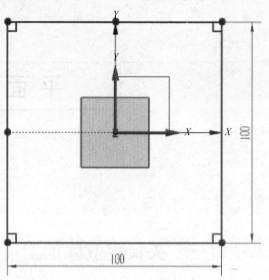

图 2—1—2　创建草图

图 2—1—3　创建拉伸实体

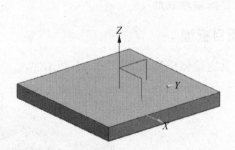

第三步 创建多边形台 1

（1）选择"草图"按钮 ，创建多边形，其尺寸如图 2—1—4 所示。

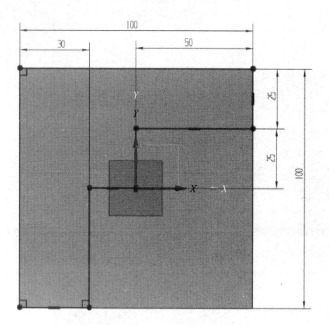

图 2—1—4　多边形尺寸

（2）单击"完成草图"按钮 完成草图，选择"拉伸"按钮，拉伸深度为 20 mm，如图 2—1—5所示。

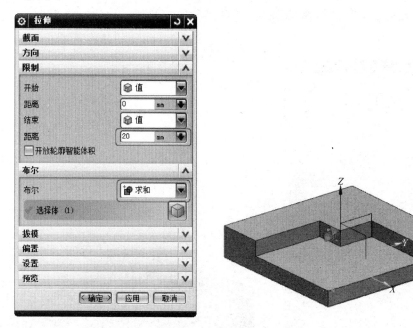

图 2—1—5　创建拉伸实体

第四步　创建多边形台 2

（1）选择"草图"按钮 ，创建多边形，其尺寸如图 2—1—6 所示。

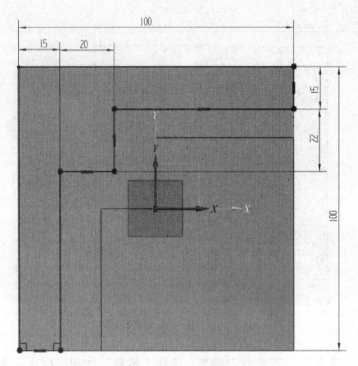

图 2—1—6 多边形尺寸

（2）单击"完成草图"按钮 <mark>完成草图</mark>，选择"拉伸"按钮，拉伸深度为 25 mm，如图 2—1—7 所示。

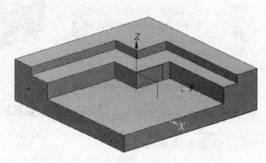

图 2—1—7 创建拉伸实体

第五步　创建圆角

在"边倒圆"对话框中创建零件圆角，如图2—1—8所示。

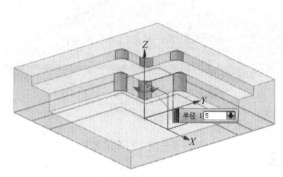

图2—1—8　"边倒圆"对话框

第六步　完成零件

创建完成的零件如图2—1—9所示。

第七步　保存文件

方法一：单击下拉菜单"文件"→
"保存"。

方法二：单击标准工具条中"保存"
按钮 🖫 。

三、加工步骤

第一步　打开零件文件，进入加工
环境

（1）选择"开始"→"所有程

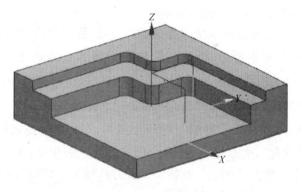

图2—1—9　零件效果

序"→"Siemens NX8.5"→"NX8.5"命令，进入NX8.5启动界面。

（2）在NX8.5启动界面中选择"文件"→"打开"命令，或单击工具栏中 🗁 按钮，
弹出"打开"对话框。

（3）在对话框中选择文件D：\ Modular2 \ project1 \ mode2-1. prt，单击 确定 按钮打开
文件，打开的零件如图2—1—10所示。

（4）选择"开始"→"加工"命令，弹出"加工环境"对话框，如图2—1—11
所示。

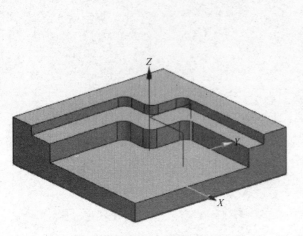

图 2—1—10　打开的零件

图 2—1—11　"加工环境"对话框

（5）在"加工环境"对话框的"CAM 会话配置"列表框中选择"cam_ general"选项，"要创建的 CAM 设置"列表框中选择"mill_ planar"，单击 确定 按钮，完成加工环境的初始化工作，进入加工模块。

第二步　创建刀具组

创建刀具。在"导航器"工具条中单击"机床视图"按钮，将工序导航器切换到机床视图。单击"插入"工具条的 按钮，弹出"创建刀具"对话框，选择加工类型为"mill_ planar"，在"创建刀具"对话框的"刀具子类型"面板中单击"MILL"按钮，在"名称"文本框中输入"MILL_ D8"如图 2—1—12 所示，单击"确定"按钮，设置刀具相关参数以及显示刀柄，如图 2—1—13 所示。

第三步　创建工件

（1）在"操作导航器-几何"窗口中双击"WORK-PIECE"节点，弹出如图 2—1—14 所示的"工件"对话框。

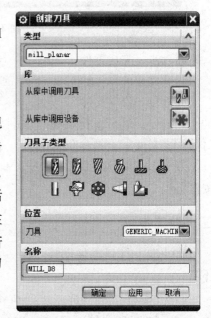

图 2—1—12　"创建刀具"对话框

（2）单击"工件"对话框中"指定部件"右侧的 按钮，弹出"部件几何体"对话框，如图 2—1—15 所示。在图形区中选择零件为部件，单击 确定 按钮，完成部件几何体的选择。

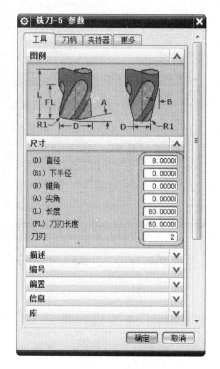

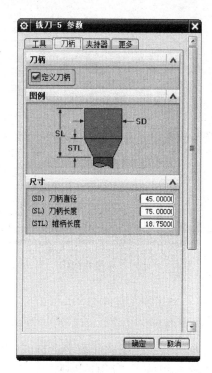

图 2—1—13 "铣刀-5 参数"对话框

图 2—1—14 "工件"对话框

图 2—1—15 "部件几何体"对话框

（3）单击"工件"对话框中"指定毛坯"右侧的⬡按钮，弹出"毛坯几何体"对话框，如图 2—1—16 所示。

（4）在"毛坯几何体"对话框中"类型"面板的下拉列表框中选择"包容块"选项，如图 2—1—17 所示，单击 确定 按钮，完成毛坯几何体的创建。

图 2—1—16 "毛坯几何体"对话框　　　　图 2—1—17 毛坯几何体设置

第四步　创建加工程序组

（1）在"刀片"工具条中单击"创建程序"按钮 ⬛，弹出"创建程序"对话框，如图 2—1—18 所示。在该对话框中选择"类型"下拉列表框中的"mill_planar"选项，在"名称"文本框中输入"PROGRAM_CU"。

（2）单击"确定"按钮，弹出"程序"对话框，如图 2—1—19 所示。

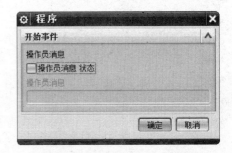

图 2—1—18 "创建程序"对话框　　　　图 2—1—19 "程序"对话框

（3）在"刀片"工具条中单击"创建程序"按钮 ⬛，弹出"创建程序"对话框，如图 2—1—20 所示。在该对话框中选择"类型"下拉列表框中的"mill_planar"选项，在"名称"文本框中输入"PROGRAM_J"。

（4）单击"确定"按钮，弹出"程序"对话框，如图 2—1—21 所示。

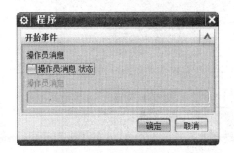

图 2—1—20 "创建程序"对话框　　　　图 2—1—21 "程序"对话框

第五步　创建加工工序

（1）加工工序。在"刀片"工具条中单击"创建工序"按钮，弹出"创建工序"对话框，在"类型"下拉列表框中选择"mill_ planar"选项，在"工序子类型"选项组中单击"面铣"按钮，在"程序"下拉列表框中选择"PROGRAM_ CU"选项，在"刀具"下拉列表框中选择"MILL_ D8"选项，在"几何体"下拉列表框中选择"WORK-PIECE"选项，在"方法"下拉列表框中选择"METHOD"选项，输入名称"FACE_ MILL-ING"，如图 2—1—22 所示，单击"确定"按钮，弹出如图 2—1—23 所示的"面铣"对话框。

图 2—1—22 "创建工序"对话框　　　　图 2—1—23 "面铣"对话框

（2）指定部件。在"几何体"对话框中单击"指定面边界"按钮 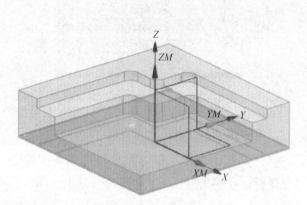，弹出"指定面几何体"对话框，如图 2—1—24 所示。选择下表面为面几何体对象，如图 2—1—25 所示。

图 2—1—24 "指定面几何体"对话框

图 2—1—25 "几何体"对象

（3）在"刀轴"对话框中单击" + ZM 轴"。

（4）在"刀轨设置"对话框中单击"切削模式"，选择 跟随部件 ，并设置"平面直径百分比"为"80"、"毛坯距离"为"25"、"每刀深度"为"2"，如图 2—1—26 所示。

单击"切削参数"按钮 ，在连接中开放刀路设为"变换切削方向"，如图 2—1—27 所示。

图 2—1—26 "刀轨设置"对话框

图 2—1—27 "切削参数-连接"对话框

（5）生成刀具轨迹。在"面铣"对话框中单击"生成刀轨"按钮 ，生成的刀具轨迹如图 2—1—28 所示，单击"确定"按钮。

（6）复制 FACE_ MILLING 程序，在 PROGRAM_ J 下进行内部粘贴，如图2—1—29 所示。

（7）双击 FACE_ MILLING_ COPY 进行编辑，在"刀轨设置"对话框中单击"切削模式"，选择 跟随部件 ，并设置每刀深度为"2"。

单击"切削参数"按钮，在余量中设为"0"，如图 2—1—30 所示。

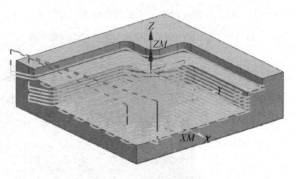

图 2—1—28 刀具轨迹

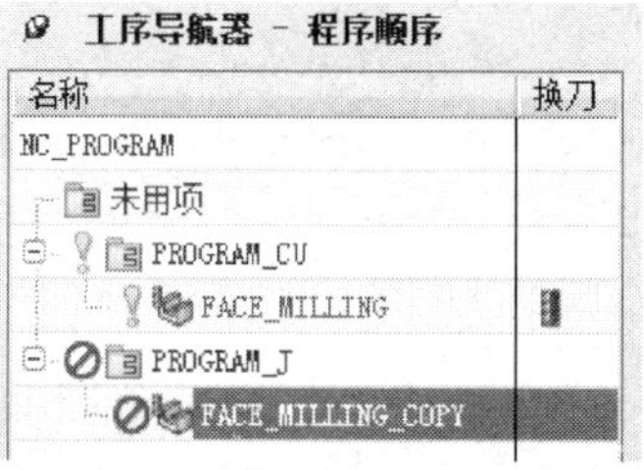

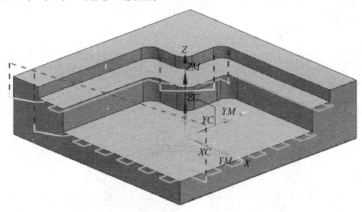

图 2—1—29 工序导航器

图 2—1—30 "切削参数-余量"对话框

（8）生成刀具轨迹。在"面铣"对话框中单击"生成刀轨"按钮，生成的刀具轨迹如图 2—1—31 所示，单击"确定"按钮。

图 2—1—31 刀具轨迹

（9）加工工序仿真。在工序导航器中选择"PROGRAM_ CU"和"PROGRAM_ J"两个文件夹，在工具条中单击"确认刀轨"按钮，弹出"可视化刀轨轨迹"对话框，选择"2D 动态"选项卡，单击"播放"按钮，系统进入加工仿真环境，仿真结果如图

2—1—32 所示，然后依次单击"确定"按钮，完成工序的创建。

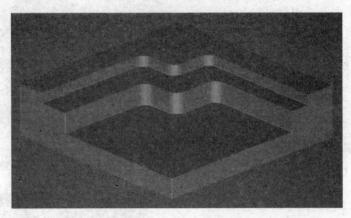

图 2—1—32　仿真效果

项目二　夹具定位体加工（二）

项目目标

1. 掌握封闭轮廓零件的加工方法。

2. 掌握平面铣削对通孔零件的加工方法。

项目描述

该项目主要是利用平面铣指令对台阶孔零件进行加工。

项目分析

本项目让学习者掌握平面铣削的多种应用，提升技能水平。

项目知识与技能

一、项目模型

夹具定位体模型如图 2—2—1 所示。

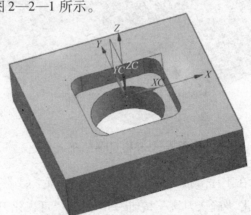

图 2—2—1　夹具定位体模型

二、设计步骤

第一步 建立新文件

（1）选择"开始"→"所有程序"→"Siemens NX8.5"→"NX8.5"命令，进入NX8.5启动界面。

（2）在NX8.5启动界面中选择"文件"→"新建"命令，或单击工具栏中 ▯ 按钮，弹出"新建"对话框。

（3）在对话框中输入零件名称 mode2-2. prt，设置文件保存路径为 D：\ Modular2 \ project2 \ mode2-2. prt，单击"确定"完成新建文件。

第二步 创建拉伸实体

（1）选择"草图"按钮 ▦，创建 200 mm × 200 mm 的正方形，单击 ▸ 完成草图 按钮，如图2—2—2 所示。

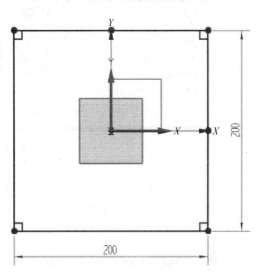

图2—2—2 创建草图

（2）选择"拉伸"按钮，拉伸深度为 50 mm，如图2—2—3 所示创建拉伸实体。

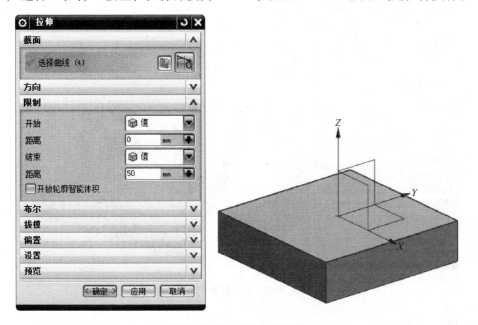

图2—2—3 创建拉伸实体

第三步 创建腔体

（1）选择"腔体"按钮 ▦，创建尺寸为"100 × 100 × 20"、拐角半径为"15"的腔体，如图2—2—4 所示。

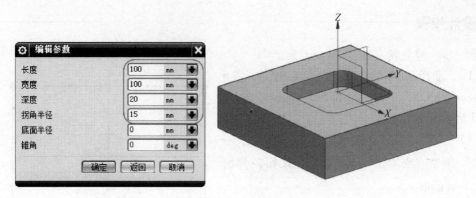

图 2—2—4　腔体特征

（2）选择"孔"按钮 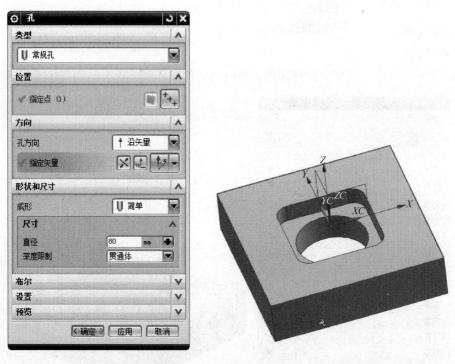，选择"点构造器"按钮 ，设定点为"X0、Y0、Z0"，指定孔方向为"沿矢量"，指定矢量为"－ZC"，直径尺寸为"80"，尺寸深度限制为"贯通体"，如图 2—2—5 所示。

图 2—2—5　创建孔特征

第四步　完成零件

创建完成的零件如图 2—2—6 所示。

第五步　保存文件

方法一：单击下拉菜单"文件"→"保存"。

方法二：单击标准工具条"保存"按钮 。

三、加工步骤

第一步 打开零件文件，进入加工环境

（1）选择"开始"→"所有程序"→"Siemens NX8.5"→"NX8.5"命令，进入NX8.5启动界面。

（2）在NX8.5启动界面中选择"文件"→"打开"命令，或单击工具栏中 📂 按钮，弹出"打开"对话框。

（3）在对话框中选择文件 D：\Modular2\project2\mode2-2.prt，单击 确定 按钮打开文件，打开的零件如图2—2—7所示。

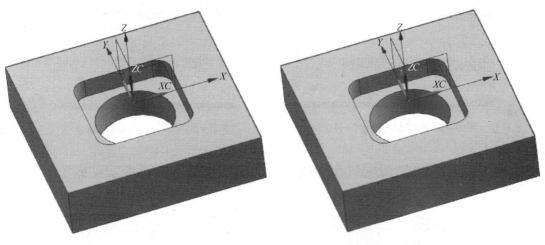

图2—2—6 零件效果   图2—2—7 打开的零件

（4）选择"开始"→"加工"命令，弹出"加工环境"对话框，如图2—2—8所示。

（5）在"加工环境"对话框的"CAM会话配置"列表框中选择"cam_ general"选项，"要创建的CAM设置"列表框中选择"mill_ planar"，单击 确定 按钮，完成加工环境的初始化工作，进入加工模块。

第二步 创建刀具组

创建刀具。在"导航器"工具条中单击"机床视图"按钮 🔧，将工序导航器切换到机床视图。单击"插入"工具条的按钮 🔧，弹出"创建刀具"对话框，选择加工类型为"mill_ planar"，在"创建刀具"对话框的"刀具子类型"面板中单击"MILL"按钮 🔧，在"名称"文本框中输入"MILL_ D20"，如图2—2—9所示，单击"确定"按钮，设置刀具相关参数以及显示刀柄，如图2—2—10所示。

图 2—2—8 "加工环境"对话框

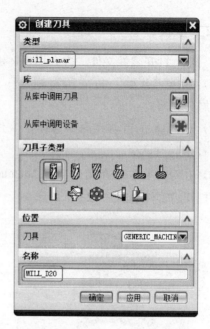

图 2—2—9 "创建刀具"对话框

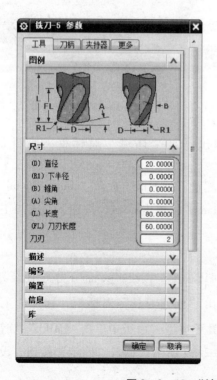

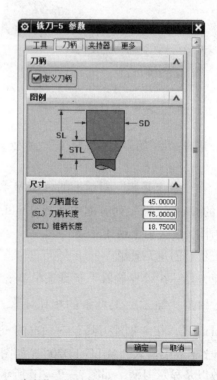

图 2—2—10 "铣刀-5 参数"对话框

第三步 创建工件

（1）在"操作导航器-几何"窗口中双击"WORKPIECE"节点，弹出如图 2—2—11 所示的"工件"对话框。

（2）单击"工件"对话框中"指定部件"右侧的 ▦ 按钮，弹出"部件几何体"对话框，如图2—2—12所示。在图形区中选择零件为部件，单击 确定 按钮，完成部件几何体的选择。

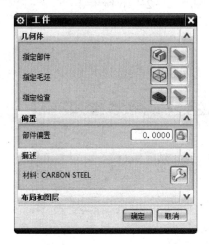

图2—2—11　"工件"对话框

图2—2—12　"部件几何体"对话框

（3）单击"工件"对话框中"指定毛坯"右侧的 ▦ 按钮，弹出"毛坯几何体"对话框，如图2—2—13所示。

（4）在"毛坯几何体"对话框中"类型"面板的下拉列表框中选择"包容块"选项，如图2—2—14所示，单击 确定 按钮，完成毛坯几何体的创建。

图2—2—13　"毛坯几何体"对话框

图2—2—14　毛坯几何体设置

第四步　创建加工程序组

（1）在"刀片"工具条中单击"创建程序"按钮 ，弹出"创建程序"对话框，如图2—2—15所示。在该对话框中选择"类型"下拉列表框中的"mill_planar"选项，在"名称"文本框中输入"PROGRAM_CU"。

（2）单击"确定"按钮，弹出"程序"对话框，如图2—2—16所示。

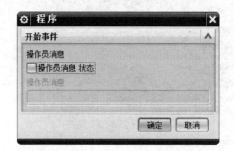

图2—2—15　"创建程序"对话框　　　　图2—2—16　"程序"对话框

（3）在"刀片"工具条中单击"创建程序"按钮 ，弹出"创建程序"对话框，如图2—2—17所示。在该对话框中选择"类型"下拉列表框中的"mill_planar"选项，在"名称"文本框中输入"PROGRAM_J"。

（4）单击"确定"按钮，弹出"程序"对话框，如图2—2—18所示。

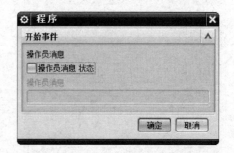

图2—2—17　"创建程序"对话框　　　　图2—2—18　"程序"对话框

第五步　创建加工工序

（1）加工工序。在"刀片"工具条中单击"创建工序"按钮 ，弹出"创建工序"对话框，在"类型"下拉列表框中选择"mill_planar"选项，在"工序子类型"选项组中单击"面铣"按钮 ，在"程序"下拉列表框中选择"PROGRAM_ CU"选项，在"刀具"下拉列表框中选择"MILL_ D20"选项，在"几何体"下拉列表框中选择"WORKPIECE"选项，在"方法"下拉列表框中选择"METHOD"选项，输入名称"FACE_ MILLING"，如图 2—2—19所示，单击"确定"按钮，弹出如图 2—2—20 所示的"面铣"对话框。

图 2—2—19 "创建工序"对话框

图 2—2—20 "面铣"对话框

（2）指定部件。在"几何体"对话框中单击"指定面边界"按钮 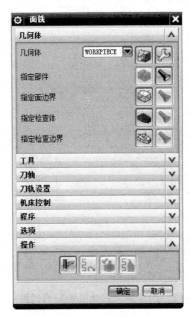，弹出"指定面几何体"对话框，如图 2—2—21 所示。选择下表面为面几何体对象，如图 2—2—22 所示。

图 2—2—21 "指定面几何体"对话框

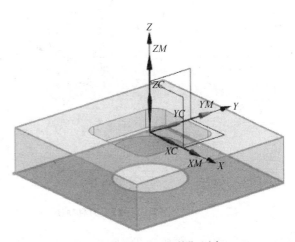

图 2—2—22 "几何体"对象

（3）在"刀轴"对话框中单击"+ZM 轴"。

（4）在"刀轨设置"对话框中单击"切削模式"，选择 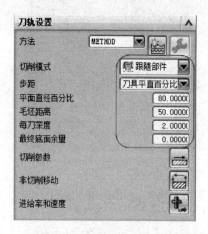 跟随部件，并设置"平面直径百分比"为"80"、"毛坯距离"为"50"、"每刀深度"为"2"，如图 2—2—23 所示。

单击"切削参数"按钮 ，在"切削参数—余量"对话框中将部件余量设为"0.3"，如图 2—2—24 所示。

图 2—2—23　"刀轨设置"对话框　　　图 2—2—24　"切削参数-余量"对话框

（5）生成刀具轨迹。在"面铣"对话框中单击"生成刀轨"按钮，生成的刀具轨迹如图 2—2—25 所示，单击"确定"按钮。

（6）复制 FACE_MILLING 程序，在 PROGRAM_J 下进行内部粘贴，如图 2—2—26 所示。

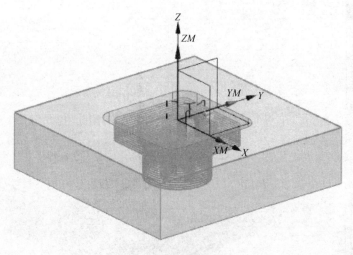

图 2—2—25　刀具轨迹

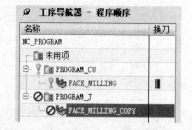

图 2—2—26　工序导航器

（7）双击 FACE_MILLING_COPY 进行编辑，在"刀轨设置"对话框中单击"切削模式"，选择 轮廓加工 ，并设置每刀深度为"4"。

在"非切削移动"对话框中，设置"进刀"→"开放区域"→进刀类型为"圆弧"，如图2—2—27所示。

（8）生成刀具轨迹。在"面铣"对话框中单击"生成刀轨"按钮，生成的刀具轨迹如图2—2—28所示，单击"确定"按钮。

图2—2—27 "非切削移动"对话框

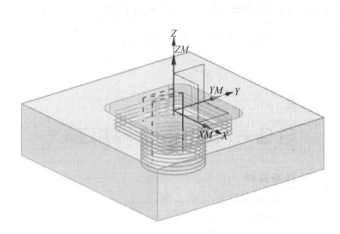

图2—2—28 刀具轨迹

（9）加工工序仿真。在工序导航器中选择"PROGRAM_ CU"和"PROGRAM_ J"两个文件夹，在工具条中单击"确认刀轨"按钮，弹出"可视化刀轨轨迹"对话框，选择"2D动态"选项卡，单击"播放"按钮，系统进入加工仿真环境，仿真结果如图2—2—29所示，然后依次单击"确定"按钮，完成工序的创建。

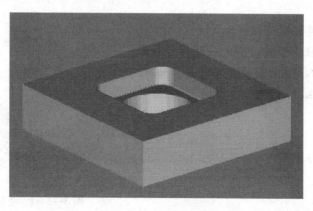

图2—2—29 仿真效果

模块三

型腔铣加工

项目一　手机壳型腔加工

项目目标

1. 能够创建型腔铣工序。
2. 能够创建面铣工序。
3. 掌握切削参数的设置方法。
4. 掌握非切削参数的设置方法。

项目描述

模具型腔在成型中主要形成产品的外表面轮廓，对其外观形状和加工精度都要求较高。本项目介绍模具型腔的数控加工过程，对坐标系创建、刀具选择、加工设置相关参数进行分析并创建。

项目分析

本项目深入地讲解模具数控加工的设计过程，对模具的创建、编程、模拟仿真进行说明。让学习者运用不同的加工方式来完成复杂的模具加工。

项目知识与技能

一、项目模型

手机壳型腔模型如图3—1—1所示。

二、设计步骤

第一步　建立新文件

图3—1—1　手机壳型腔模型

（1）选择"开始"→"所有程序"→"Siemens NX8.5"→"NX8.5"命令，进入NX8.5启动界面。

（2）在NX8.5启动界面中选择"文件"→"新建"命令，或单击工具栏中 ☐ 按钮，弹出"新建"对话框。

（3）在对话框中输入零件名称 mode3-1. prt，设置文件保存路径为 D：\ Dodular3 \ pro-ject1 \ mode3-1. prt，单击"确定"完成新建文件。

第二步 创建拉伸实体

（1）选择"草图"按钮 ，创建 100 mm × 50 mm 的长方形，单击 完成草图 按钮，如图 3—1—2 所示。

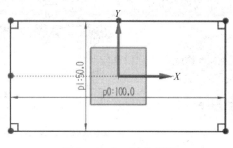

图 3—1—2 创建草图

（2）选择"拉伸"按钮，拉伸深度为 30 mm，如图 3—1—3 所示创建拉伸实体。

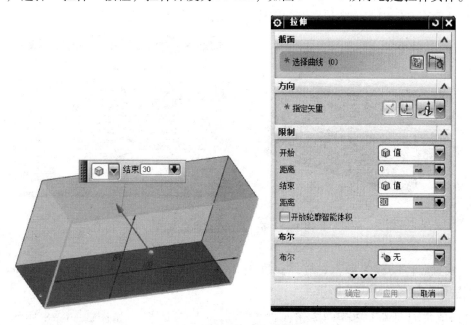

图 3—1—3 创建拉伸实体

第三步 创建腔体

（1）选择"腔体"按钮 ，设置腔体位置及参数。

1）选择"腔体"对话框中的"矩形"方式，如图 3—1—4 所示。

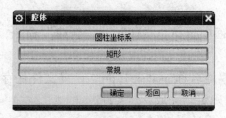

图 3—1—4 "腔体"对话框

2）选择长方体的上表面作为腔体的放置面，如图 3—1—5 所示。

图 3—1—5 设置腔体的放置面

3）选择长方体中的一个顶点作为腔体的放置点，如图 3—1—6 所示。

 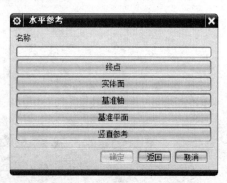

图 3—1—6 设置腔体的放置点

4）设置腔体的相关参数，腔体长度为 70 mm，宽度为 30 mm，深度为 6 mm，单击 确定 按钮，如图 3—1—7 所示。

（2）单击对话框 确定 按钮，进入"定位"对话框，如图 3—1—8 所示。选择 "按一定距离平行"按钮 ，尺寸分别为 15 mm、10 mm，完成腔体定位，如图 3—1—9 所示。

图 3—1—7 设置腔体参数

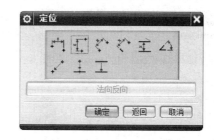

图 3—1—8 "定位"对话框

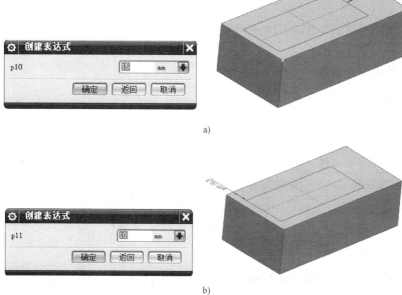

a)

b)

图 3—1—9 腔体定位

（3）将腔体分别倒圆角，如图 3—1—10 所示。

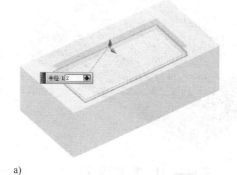

a)

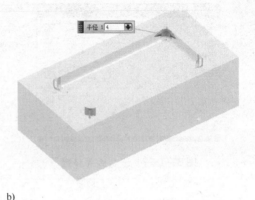

b)

图 3—1—10　创建圆角

（4）创建完成后零件如图 3—1—11 所示。

第四步　保存文件

方法一：单击下拉菜单"文件"→"保存"。

方法二：单击标准工具条"保存"按钮 🖫 。

三、加工步骤

第一步　打开零件文件，进入加工环境

（1）选择"开始"→"所有程序"→"Siemens NX8.5"→"NX8.5"命令，进入 NX8.5 启动界面。

（2）在 NX8.5 启动界面中选择"文件"→"打开"命令，或单击工具栏中 🖱 按钮，弹出"打开"对话框。

（3）在对话框中选择文件 D：\ Modular3 \ project1 \ mode3-1. prt，单击 确定 按钮打开文件，打开的零件如图 3—1—12 所示。

图 3—1—11　完成后效果　　　　　图 3—1—12　打开的零件

（4）选择"开始"→"加工"命令，弹出"加工环境"对话框，如图3—1—13所示。

（5）在"加工环境"对话框的"CAM会话配置"列表框中选择"cam_general"选项，"要创建的CAM设置"列表框中选择"mill_contour"，单击 确定 按钮，完成加工环境的初始化工作，进入加工模块。

第二步 创建刀具组

创建刀具。在"导航器"工具条中单击"机床视图"按钮，将工序导航器切换到机床视图。单击"插入"工具条中 按钮，弹出"创建刀具"对话框，选择加工类型为"mill_contour"，在"创建刀具"对话框的"刀具子类型"面板中单击"MILL"按钮，在"名称"文本框中输入"MILL_D6R0.5"，如图3—1—14所示，单击"确定"按钮，设置刀具相关参数以及显示刀柄，如图3—1—15所示。

图3—1—13 "加工环境"对话框

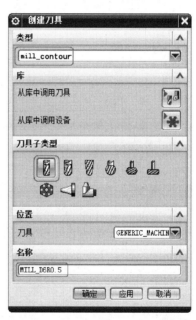

图3—1—14 "创建刀具"对话框

第三步 创建工件

（1）在"操作导航器-几何"窗口中双击"WORKPIECE"节点，弹出如图3—2—16所示的"工件"对话框。

（2）单击"工件"对话框中"指定部件"右侧的 按钮，弹出"部件几何体"对话框，如图3—1—17所示。在图形区中选择零件为部件，单击 确定 按钮，完成部件几何体的选择。

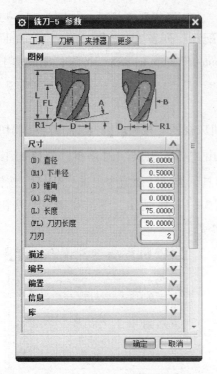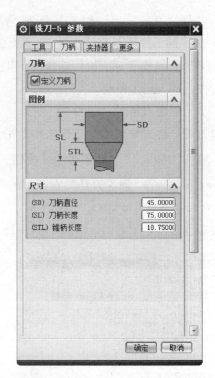

图 3—1—15 "铣刀-5 参数"对话框

图 3—1—16 "工件"对话框 图 3—1—17 "部件几何体"对话框

（3）单击"工件"对话框中"指定毛坯"右侧的 按钮，弹出"毛坯几何体"对话框，如图 3—1—18 所示。

（4）在"毛坯几何体"对话框中"类型"面板的下拉列表框中选择"包容块"选项，如图 3—1—19 所示，单击 确定 按钮，完成毛坯几何体的创建。

图3—1—18 "毛坯几何体"对话框　　　　图3—1—19 毛坯几何体设置

第四步　创建加工程序组

（1）在"刀片"工具条中单击"创建程序"按钮 ，弹出"创建程序"对话框，如图3—1—20所示。在该对话框中选择"类型"下拉列表框中的"mill_ contour"选项，在"名称"文本框中输入"PROGRAM_ CU"。

（2）单击"确定"按钮，弹出"程序"对话框，如图3—1—21所示。

图3—1—20 "创建程序"对话框　　　　图3—1—21 "程序"对话框

（3）在"刀片"工具条中单击"创建程序"按钮 ，弹出"创建程序"对话框，如图3—1—22所示。在该对话框中选择"类型"下拉列表框中的"mill_ contour"选项，在"名称"文本框中输入"PROGRAM_ J"。

（4）单击"确定"按钮，弹出"程序"对话框，如图3—1—23所示。

图 3—1—22 "创建程序"对话框

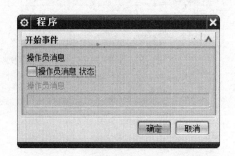

图 3—1—23 "程序"对话框

第五步 创建加工工序

（1）加工工序。在"刀片"工具条中单击"创建工序"按钮 ，弹出"创建工序"对话框，在"类型"下拉列表框中选择"mill_ contour"选项，在"工序子类型"选项组中单击"型腔铣"按钮 ，在"程序"下拉列表框中选择"NC-PROGRAM"选项，在"刀具"下拉列表框中选择"MILL_ D6R0.5"选项，在"几何体"下拉列表框中选择"WORKPIECE"选项，在"方法"下拉列表框中选择"METHOD"选项，输入名称"CAV-ITY_ MILL"，如图 3—1—24 所示，单击"确定"按钮，弹出如图 3—1—25 所示的"型腔铣"对话框。

图 3—1—24 "创建工序"对话框

图 3—1—25 "型腔铣"对话框

（2）在"型腔铣"对话框的"几何体"中的指定切削区域选择按钮，如图3—1—26所示。

（3）在"刀轨设置"对话框中单击"切削模式"，选择 ⟷跟随周边，并设置"平面直径百分比"为"70"、"最大距离"为"1 mm"。

单击"切削参数"按钮，设置"切削参数-策略"对话框中相关选项，切削方向为"顺铣"、切削顺序为"层优先"、刀路方向为"向外"，如图3—1—27所示。在"切削参数-余量"对话框中将部件侧面余量设为"0.3"，如图3—1—28所示。

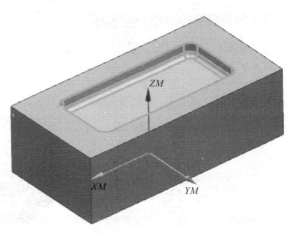

图3—1—26 切削区域

图3—1—27 "切削参数-策略"对话框

图3—1—28 "切削参数-余量"对话框

在"非切削移动"对话框的"转移/快速"中，区域之间的转移类型选择"前一平面"，安全距离为"3"，区域内的转移类型选择"直接"，如图3—1—29所示。

（4）生成刀具轨迹。在"型腔铣"对话框中单击"生成刀轨"按钮，生成的刀具轨迹如图3—1—30所示，单击"确定"按钮。

（5）创建加工工序。在"刀片"工具条中单击"创建工序"按钮，弹出"创建工序"对话框，在"类型"下拉列表框中选择"mill_ planar"选项，在"工序子类型"选项组中单击"面铣"按钮，在"程序"下拉列表框中选择"PROGRAM_ J"选项，在

图 3—1—29 "非切削移动-转移/快速"对话框

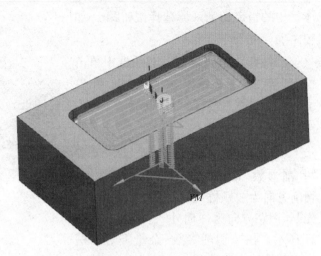

图 3—1—30 刀具轨迹

"刀具"下拉列表框中选择"MILL_ D6R0.5"选项,在"几何体"下拉列表框中选择"WORKPIECE"选项,在"方法"下拉列表框中选择"METHOD"选项,输入名称"FACE_ MILLING",如图 3—1—31 所示,单击"确定"按钮,弹出如图 3—1—32 所示的"面铣"对话框。

图 3—1—31 "创建工序"对话框

图 3—1—32 "面铣"对话框

(6)指定部件。在"几何体"对话框中单击"指定面边界"按钮，弹出"指定面几何体"对话框,如图 3—1—33 所示。选择下表面为面几何体对象,如图 3—1—34 所示。

图 3—1—33 "指定面几何体"对话框

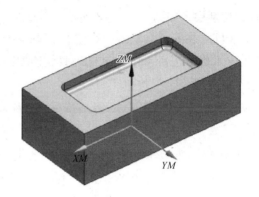

图 3—1—34 "几何体"对象

（7）在"刀轨设置"对话框中单击"切削模式"，选择 跟随部件 ，并设置"平面直径百分比"为"75"。

在"非切削移动"对话框的"进刀"中，进刀类型为"螺旋"、斜坡角为"3"、高度为"0.5"、高度起点为"平面"、指定平面为"加工底平面"，如图 3—1—35 所示。

（8）生成刀具轨迹。在"面铣"对话框中单击"生成刀轨"按钮 ，生成的刀具轨迹如图 3—1—36 所示，单击"确定"按钮。

图 3—1—35 "非切削移动"对话框

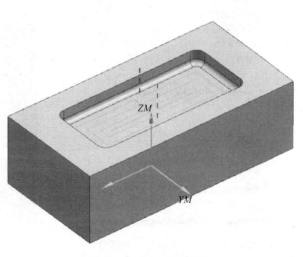

图 3—1—36 刀具轨迹

（9）复制 CAVITY_ MILL 程序，在 PROGRAM_ J 下进行内部粘贴，如图 3—1—37 所示。

（10）双击 CAVITY_ MILL_ COPY 进行编辑，在 "刀轨设置" 对话框中单击 "切削模式"，选择 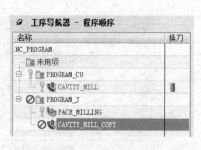 ，并设置 "平面直径百分比" 为 "80"，设定切削层，如图 3—1—38 所示。

（11）生成刀具轨迹。在 "型腔铣" 对话框中单击 "生成刀轨" 按钮 ，生成的刀具轨迹如图 3—1—39 所示，单击 "确定" 按钮。

图 3—1—37 工序导航器

（12）加工工序仿真。在工序导航器中选择 "PROGRAM_ CU" 和 "PROGRAM_ J" 两个文件夹，在工具条中单击 "确认刀轨" 按钮 ，弹出 "可视化刀轨轨迹" 对话框，选择 "2D 动态" 选项卡，单击 "播放" 按钮 ，系统进入加工仿真环境，仿真结果如图 3—1—40 所示，然后依次单击 "确定" 按钮，完成工序的创建。

图 3—1—38 "切削层" 对话框

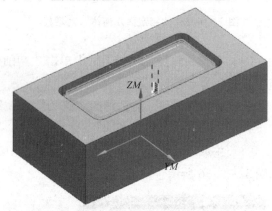

图 3—1—39 刀具轨迹

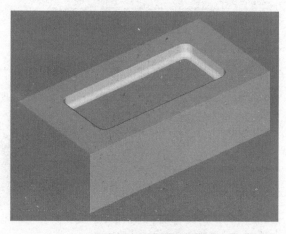

图 3—1—40 仿真效果

项目二　冲模型芯加工

项目目标

1. 熟悉型腔铣由外向内的加工方式。

2. 了解固定轴曲面轮廓铣加工的创建及应用。

项目描述

本项目利用型腔指令对部件进行粗加工，采用由外向内的加工方式；同时，采用固定轴曲面轮廓铣对零件的表面进行精加工，对不同工件采用不同的加工方法，以达到最佳效果。

项目分析

通过该项目的学习，熟练掌握各种加工操作综合运用的技巧，对日常生产有很大帮助。

项目知识与技能

一、项目模型

冲模型芯模型如图 3—2—1 所示。

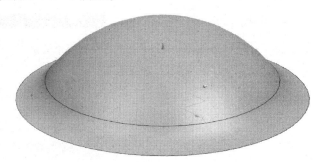

图 3—2—1　冲模型芯模型

二、设计步骤

第一步　建立新文件

（1）选择"开始"→"所有程序"→"Siemens NX8.5"→"NX8.5"命令，进入 NX8.5 启动界面。

（2）在 NX8.5 启动界面中选择"文件"→"新建"命令，或单击工具栏中 ▢ 按钮，弹出"新建"对话框。

（3）在对话框中输入零件名称 mode3-2. prt，设置文件保存路径为 D：\ project3 \ mode3-2. prt，单击"确定"完成新建文件。

第二步　创建拉伸实体

（1）选择"草图"按钮 ▦，选择 XC—ZC 平面作为绘图平面。利用直线和圆弧命令绘制如下图形，单击 ▨ 完成草图 按钮，如图 3—2—2 所示。

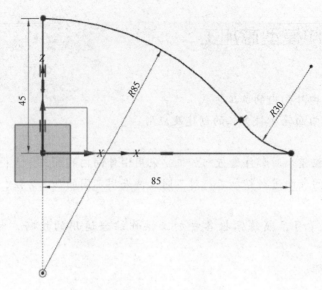

图 3—2—2　创建草图

（2）选择"回转"按钮，回转角度为 360°，如图 3—2—3 所示创建回转实体。

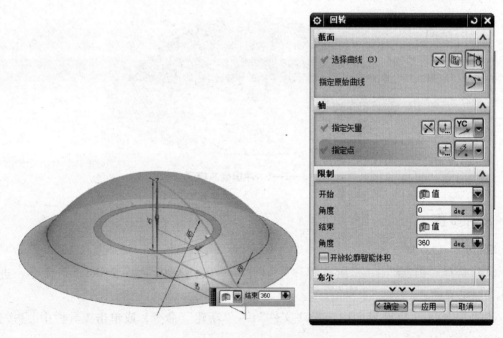

图 3—2—3　创建回转实体

（3）创建完成后的零件如图 3—2—4 所示。

第三步　保存文件

方法一：单击下拉菜单"文件"→"保存"。

方法二：单击标准工具条"保存"按钮 ▣。

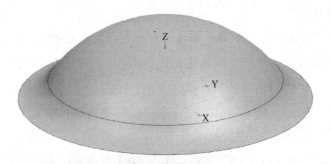

图 3—2—4 回转体

三、加工步骤

第一步 打开零件文件，进入加工环境

（1）选择"开始"→"所有程序"→"Siemens NX8.5"→"NX8.5"命令，进入 NX8.5 启动界面。

（2）在 NX8.5 启动界面中选择"文件"→"打开"命令，或单击工具栏中按钮，弹出"打开"对话框。

（3）在对话框中选择文件 D：\ Modular3 \ project2 \ mode3-2. prt，单击 确定 按钮打开文件，打开的零件如图 3—2—5 所示。

（4）选择"开始"→"加工"命令，弹出"加工环境"对话框，如图 3—2—6 所示。

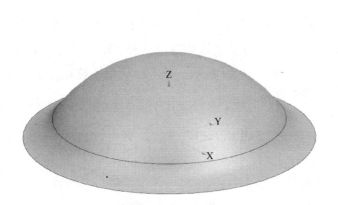

图 3—2—5 打开的零件

图 3—2—6 "加工环境"对话框

（5）在"加工环境"对话框的"CAM 会话配置"列表框中选择"cam_ general"选项，"要创建的 CAM 设置"列表框中选择"mill_ contour"，单击 确定 按钮，完成加工环境的初始化工作，进入加工模块。

第二步　创建刀具组

创建刀具。在"导航器"工具条中单击"机床视图"按钮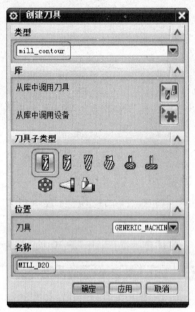，将工序导航器切换到机床视图。单击"插入"工具条的××按钮，弹出"创建刀具"对话框，选择加工类型为"mill_ contour"，在"创建刀具"对话框的"刀具子类型"面板中单击"MILL"按钮，在"名称"文本框中输入"MILL_ D20"，如图3—2—7所示，单击"确定"按钮，设置刀具相关参数以及显示刀柄，如图3—2—8所示。

图3—2—7　"创建刀具"对话框

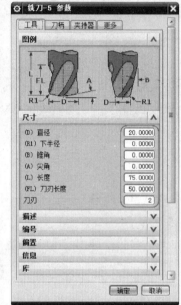 

图3—2—8　"铣刀-5　参数"对话框

单击"插入"工具条的××按钮，弹出"创建刀具"对话框，选择加工类型为"mill_ contour"，在"创建刀具"对话框的"刀具子类型"面板中单击"MILL"按钮，在"名称"文本框中输入"MILL_ D16R8"，如图3—2—9所示，单击"确定"按钮，设置刀具相关参数以及显示刀柄，如图3—2—10所示。

第三步　创建工件

（1）在"操作导航器-几何"窗口中双击"WORKPIECE"节点，弹出如图3—2—11所示的"工件"对话框。

（2）单击"工件"对话框中"指定部件"右侧的按钮，弹出"部件几何体"对话框，如图3—2—12所示。在图形区中选择零件为部件，单击 确定 按钮，完成部件几何体的选择。

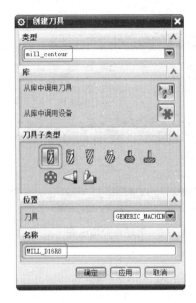

图 3—2—9 "创建刀具"对话框

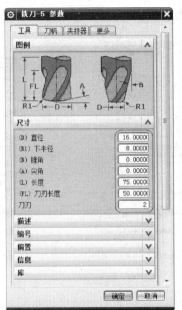

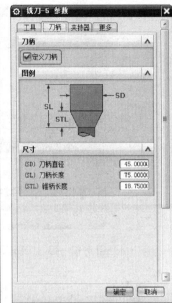

图 3—2—10 "铣刀-5 参数"对话框

图 3—2—11 "工件"对话框

图 3—2—12 "部件几何体"对话框

（3）单击"工件"对话框中"指定毛坯"右侧的按钮，弹出"毛坯几何体"对话框，如图 3—2—13 所示。

（4）在"毛坯几何体"对话框中"类型"面板的下拉列表框中选择"包容圆柱体"选项，如图 3—2—14 所示，单击 确定 按钮，完成毛坯几何体的创建。

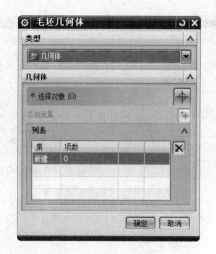

图 3—2—13 "毛坯几何体"对话框

图 3—2—14 毛坯几何体设置

第四步 创建加工程序组

（1）在"刀片"工具条中单击"创建程序"按钮 🖳，弹出"创建程序"对话框，如图 3—2—15 所示。在该对话框中选择"类型"下拉列表框中的"mill_contour"选项，在"名称"文本框中输入"PROGRAM_ CU"。

（2）单击"确定"按钮，弹出"程序"对话框，如图 3—2—16 所示。

图 3—2—15 "创建程序"对话框

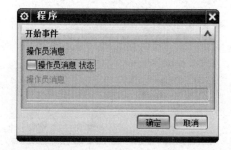

图 3—2—16 "程序"对话框

（3）在"刀片"工具条中单击"创建程序"按钮 🖳，弹出"创建程序"对话框，如图 3—2—17 所示。在该对话框中选择"类型"下拉列表框中的"mill_contour"选项，在"名称"文本框中输入"PROGRAM_ J"。

（4）单击"确定"按钮，弹出"程序"对话框，如图 3—2—18 所示。

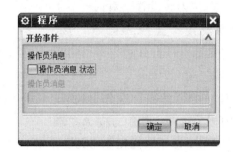

图 3—2—17 "创建程序"对话框　　　　图 3—2—18 "程序"对话框

第五步　创建加工工序

（1）加工工序。在"刀片"工具条中单击"创建工序"按钮，弹出"创建工序"对话框，在"类型"下拉列表框中选择"mill_ contour"选项，在"工序子类型"选项组中单击"型腔铣"按钮，在"程序"下拉列表框中选择"PROGRAM_ CU"选项，在"刀具"下拉列表框中选择"MILL_ D20"选项，在"几何体"下拉列表框中选择"WORKPIECE"选项，在"方法"下拉列表框中选择"METHOD"选项，输入名称"CAV-ITY_ MILL"，如图 3—2—19 所示，单击"确定"按钮，弹出如图 3—2—20 所示的"型腔铣"对话框。

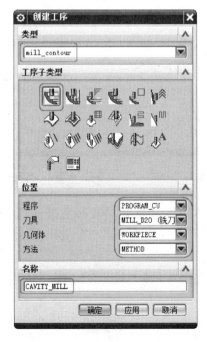

图 3—2—19 "创建工序"对话框　　　　图 3—2—20 "型腔铣"对话框

（2）在"型腔铣"对话框的"几何体"中，指定切削区域选择  按钮，如图 3—2—21 所示。

（3）在"刀轨设置"对话框中单击"切削模式"选择 跟随周边，并设置"平面直径百分比"为"50"、"最大距离"为"2 mm"。

点击"切削参数"按钮，设置策略中相关选项，切削方向为"顺铣"、切削顺序为"层优先"、刀路方向为"向内"，在延伸刀轨下输入"50"，如图 3—2—22 所示。在余量中将部件侧面余量设为"0.3"，如图 3—2—23 所示。

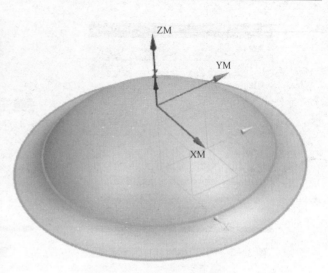

图 3—2—21　切削区域

图 3—2—22　"切削参数-策略"对话框　　图 3—2—23　"切削参数-余量"对话框

在"非切削移动"对话框的"转移/快速"中，区域之间的转移类型选择"前一平面"，安全距离为"3"，区域内的转移类型选择"前一平面"，安全距离为3，如图 3—2—24 所示。

（4）生成刀具轨迹。在"型腔铣"对话框中单击"生成刀轨"按钮，生成的刀具轨迹如图 3—2—25 所示，单击"确定"按钮。

图3—2—24 "非切削移动-转移/
快速"对话框

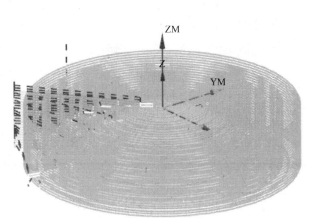

图3—2—25 生成刀轨

（5）复制CAVITY_ MILL程序，在PROGRAM_ CU下进行内部粘贴，如图3—2—26所示。

（6）双击CAVITY_ MILL_ COPY进行编辑，在"刀轨设置"对话框中单击"切削模式"选择 轮廓加工 ，并设置"平面直径百分比"为"80"、"最大距离"为"0.5 mm"。

（7）生成刀具轨迹。在"型腔铣"对话框中单击"生成刀轨"按钮 ，生成的刀具轨迹如图3—2—27所示，单击"确定"按钮。

图3—2—26 工序导航器

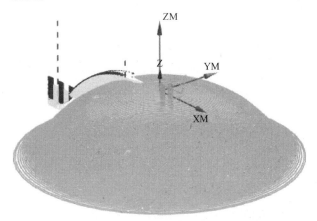

图3—2—27 生成刀轨

（8）创建加工工序。在"刀片"工具条中单击"创建工序"按钮 ，弹出"创建工序"对话框，在"类型"下拉列表框中选择"mill_ contour"选项，在"工序子类型"选项组中单击"固定轮廓铣"按钮 ，在"程序"下拉列表框中选择"PROGRAM_ J"选项，在"刀具"下拉列表框中选择"MILL_ D16R8"选项，在"几何体"下拉列表框中选择"WORKPIECE"选项，在"方法"下拉列表框中选择"METHOD"选项，输入名称"FIXED_ CONTOUR"，如图3—2—28所示，单击"确定"按钮，弹出如图3—2—29所示的"固定轮廓铣"对话框。

图3—2—28 "创建工序"对话框

图3—2—29 "固定轮廓铣"对话框

（9）在"固定轮廓铣"对话框的"几何体"中，指定切削区域选择 按钮，如图3—2—30所示。

（10）指定驱动方法。在"驱动方法"对话框中选择"螺旋式"，单击"编辑"按钮 ，在螺旋式驱动方法下指定点为"XC0、YC0、ZC0"、最大螺旋半径为"90"、步距为"恒定"、最大距离为"0.3"、切削方向为"顺铣"，如图3—2—31所示。

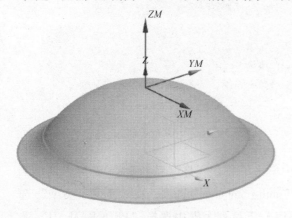

图3—2—30 切削区域

图3—2—31 "螺旋式驱动方法"对话框

（11）生成刀具轨迹。在"固定轮廓铣"对话框中单击"生成刀轨"按钮，生成的刀具轨迹如图3—2—32所示，单击"确定"按钮。

（12）加工工序仿真。在工序导航器中选择"PROGRAM_ CU、PROGRAM_ J"两个文件夹，在工具条中单击"确认刀轨"按钮，弹出"可视化刀轨轨迹"对话框，选择"2D动态"选项卡，单击"播放"按钮，进入加工仿真环境，仿真结果如图3—2—33所示，然后依次单击"确定"按钮，完成工序的创建。

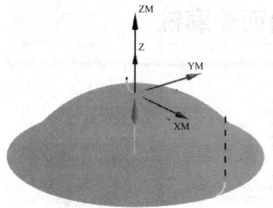

图3—2—32　生成刀轨

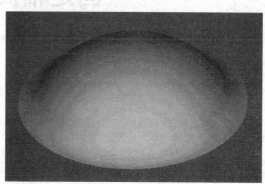

图3—2—33　仿真效果

模块四

固定轴曲面轮廓铣

项目一 遥控器的加工

项目目标

1. 熟悉固定轴曲面轮廓铣驱动方式。
2. 掌握固定轴曲面轮廓铣投影矢量与刀轴。
3. 掌握固定轴曲面轮廓铣操作中的非切削移动。

项目描述

固定轴曲面轮廓铣广泛应用在数控加工中，可以完成工件曲面轮廓的半精加工和精加工。

项目分析

本项目内容利用型腔铣指令进行粗加工，重点利用参考刀具进行清角。说明固定轴曲面轮廓铣的切削方式。

项目知识与技能

一、项目模型

遥控器模型如图 4—1—1 所示。

二、加工步骤

第一步 打开零件文件进入加工环境

（1）选择"开始"→"所有程序"→"Siemens NX8.5"→"NX8.5"命令，进入 NX8.5 启动界面。

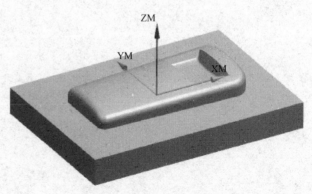

图 4—1—1 遥控器模型

（2）在 NX8.5 启动界面中选择"文件"→"打开"命令，或单击工具栏中  按钮，弹出"打开"对话框。

（3）在对话框中选择文件 D：\ Modular4 \ project1 \ mode4‑1. prt，单击 确定 按钮打开文件，打开的零件如图 4—1—2 所示。

（4）选择"开始"→"加工"命令，弹出"加工环境"对话框，如图 4—1—3 所示。

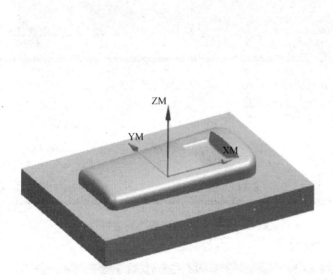

图 4—1—2　打开的零件

图 4—1—3　"加工环境"对话框

（5）在"加工环境"对话框的"要创建的 CAM 设置"列表框中选择"mill_ contour"选项，单击 确定 按钮，完成加工环境的初始化工作，进入加工模块。

第二步　创建刀具组

创建刀具。在"导航器"工具条中单击"机床视图"按钮 ，将工序导航器切换到机床视图。单击"插入"工具条的 按钮，弹出"创建刀具"对话框，选择加工类型为"mill_ contour"，在"创建刀具"对话框的"刀具子类型"面板中单击"MILL"按钮 ，在"名称"文本框中输入"MILL_ D20"，如图 4—1—4 所示，单击"确定"按钮。设置刀具相关参数以及显示刀柄如图 4—1—5 所示。

单击"插入"工具条的 按钮，弹出"创建刀具"对话框，选择加工类型为"mill_ contour"，在"创建刀具"对话框的"刀具子类型"面板中单击"MILL"按钮 ，在"名称"文本框中输入"MILL_ D16R8"，如图 4—1—6 所示，单击"确定"按钮。设置刀具相关参数以及显示刀柄如图 4—1—7 所示。

单击"插入"工具条的 按钮，弹出"创建刀具"对话框，选择加工类型为"mill_ contour"，在"创建刀具"对话框的"刀具子类型"面板中单击"MILL"按钮 ，在"名称"文本框中输入"MILL_ D6R3",如图4—1—8所示,单击"确定"按钮。设置刀具相关参数以及显示刀柄如图4—1—9所示。

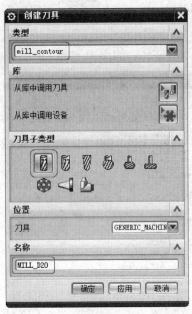

图4—1—4 "创建刀具"对话框

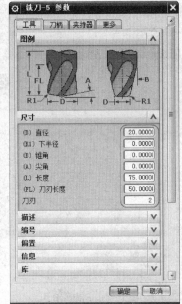
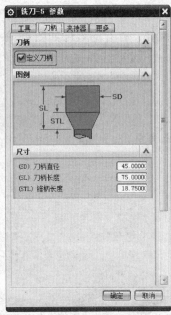

图4—1—5 "铣刀参数"对话框

图4—1—6 "创建刀具"对话框

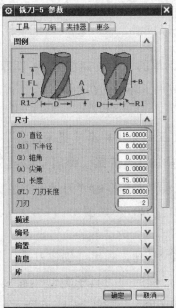

图4—1—7 "铣刀参数"对话框

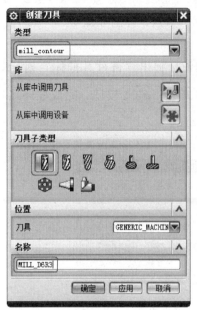

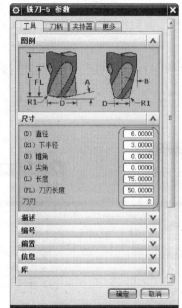

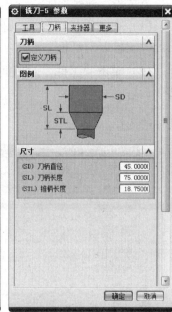

图4—1—8 "创建刀具"对话框   图4—1—9 "铣刀参数"对话框

单击"插入"工具条的 按钮，弹出"创建刀具"对话框，选择加工类型为"mill_contour"，在"创建刀具"对话框的"刀具子类型"面板中单击"MILL"按钮，在"名称"文本框中输入"MILL_ D2R1"，如图4—1—10所示，单击"确定"按钮。设置刀具相关参数以及显示刀柄如图4—1—11所示。

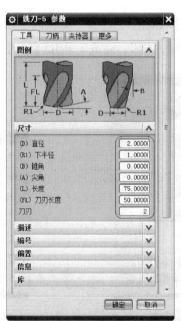

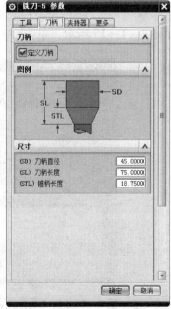

图4—1—10 "创建刀具"对话框   图4—1—11 "铣刀参数"对话框

第三步　创建工件

（1）在"操作导航器-几何"窗口中双击"WORKPIECE"节点，弹出如图4—1—12所示的"工件"对话框。

（2）单击"工件"对话框中"指定部件"右侧的按钮，弹出"部件几何体"对话框，如图4—1—13所示。在图形区中选择产品工件为部件，单击 确定 按钮，完成部件几何体的选择。

图 4—1—12　"工件"对话框　　　　图 4—1—13　"部件几何体"对话框

（3）单击"工件"对话框中"指定毛坯"右侧的按钮，弹出"毛坯几何体"对话框，如图4—1—14所示。

（4）在"毛坯几何体"对话框的"类型"面板的下拉列表框中选择"包容块"选项，如图4—1—15所示，单击 确定 按钮，完成毛坯几何体的创建。

图 4—1—14　"毛坯几何体"对话框　　　　图 4—1—15　毛坯几何体创建

第四步　创建加工程序组

（1）在"刀片"工具条中单击"创建程序"按钮 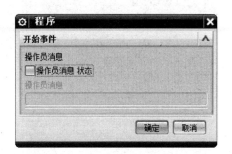，弹出"创建程序"对话框，如图 4—1—16 所示。在该对话框中选择"类型"下拉表框中的"mill_ contour"选项，在"名称"文本框中输入"PROGRAM_ CU"。

（2）单击"确定"按钮，弹出"程序"对话框，如图 4—1—17 所示。

图 4—1—16　"创建程序"对话框

图 4—1—17　"程序"对话框

（3）在"刀片"工具条中单击"创建程序"按钮 ，弹出"创建程序"对话框。在该对话框中选择"类型"下拉列表框中的"mill_ contour"选项，在"名称"文本框中输入"PROGRAM_ J"，如图 4—1—18 所示。

（4）单击"确定"按钮，弹出"程序"对话框，如图 4—1—19 所示。

图 4—1—18　"创建程序"对话框

图 4—1—19　"程序"对话框

第五步　创建加工工序

（1）加工工序。在"刀片"工具条中单击"创建工序"按钮 ，弹出"创建工序"对话框，在"类型"下拉列表框中选择"mill_ contour"选项，在"工序子类型"选项组中单击"型腔铣"按钮![icon]，在"程序"下拉列表框中选择"PROGRAM_CU"选项，在"刀具"下拉列表框中选择"MILL_D20"选项，在"几何体"下拉列表框中选择"WORK-PIECE"选项，在"方法"下拉列表框中选择"METHOD"选项，输入名称"CAVITY_MILL"，如图4—1—20所示，单击"确定"按钮，弹出如图4—1—21所示的"型腔铣"对话框。

图4—1—20 "创建工序"对话框

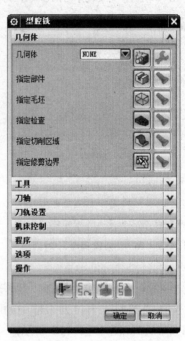

图4—1—21 "型腔铣"对话框

（2）在"几何体"对话框中指定切削区域选择![icon]按钮，如图4—1—22所示。

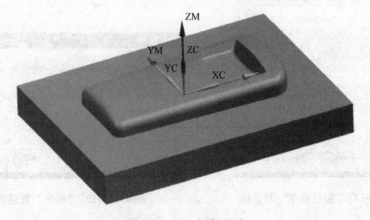

图4—1—22 切削区域

（3）在"刀轨设置"对话框中单击"切削模式"选择 跟随周边 ，并设置"平面直径百分比"为"50"、"最大距离"为"2 mm"。

点击"切削参数" 按钮,设置策略中相关选项,切削方向为"顺铣"、切削顺序为"层优先"、刀路方向为"向内",如图4—1—23所示,在余量中将部件侧面余量设为"0.3",如图4—1—24所示。

图4—1—23 "切削参数-策略"对话框

图4—1—24 "切削参数-余量"对话框

(4)生成刀具轨迹。在"型腔铣"对话框中单击"生成刀轨"按钮 ,生成的刀具轨迹如图4—1—25所示,单击"确定"按钮。

(5)复制CAVITY_ MILL程序,在PROGRAM_ CU下进行内部粘贴,如图4—1—26所示。

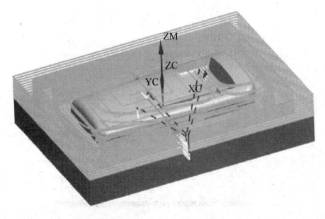

图4—1—25 生成刀轨

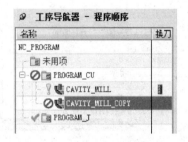

图4—1—26 工序导航器

(6)双击编辑CAVITY_ MILL_ COPY进行编辑,在"刀轨设置"对话框中单击"切削模式"选择 轮廓加工 按钮,并设置"平面直径百分比"为"80"、"最大距离"为"0.5 mm"。在"几何体"对话框中重新指定切削区域选择 按钮，如图 4—1—27 所示。

（7）生成刀具轨迹。在"型腔铣"对话框中单击"生成刀轨"按钮 ，生成的刀具轨迹如图 4—1—28 所示，单击"确定"按钮。

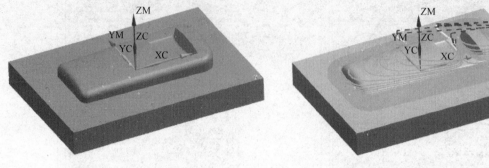

图 4—1—27　切削区域　　　　　　　　图 4—1—28　生成刀轨

（8）复制 CAVITY_ MILL 程序，在 PROGRAM_ CU 下进行内部粘贴，如图 4—1—29 所示。

（9）双击编辑 CAVITY_ MILL_ COPY_ COPY 进行编辑，修改刀具选择"MILL_ D6R3"，在"切削参数—空间范围"下设置参考刀具为"MILL_ D20"，如图 4—1—30 所示。

图 4—1—29　工序导航器

图 4—1—30　"切削参数—空间范围"对话框

（10）生成刀具轨迹。在"型腔铣"对话框中单击"生成刀轨"按钮 ，生成的刀具轨迹如图 4—1—31 所示，单击"确定"按钮。

（11）复制 CAVITY_ MILL_ COPY_ COPY 程序，在 PROGRAM_ CU 下进行内部粘贴，如图 4—1—32 所示。

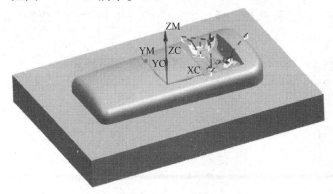

图 4—1—31　生成刀轨

图 4—1—32　工序导航器

（12）双击编辑 CAVITY_ MILL_ COPY_ COPY_ COPY 进行编辑，修改刀具选择"MILL_ D2R1"，在"切削参数—空间范围"下设置参考刀具为"MILL_ D6R3"，如图 4—1—33 所示。

（13）生成刀具轨迹。在"型腔铣"对话框中单击"生成刀轨"按钮，生成的刀具轨迹如图 4—1—34 所示，单击"确定"按钮。

图 4—1—33　"切削参数—
　　　　　空间范围"对话框

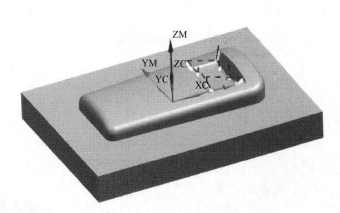

图 4—1—34　生成刀轨

（14）创建加工工序。在"刀片"工具条中单击"创建工序"按钮，弹出"创建工序"对话框，在"类型"下拉列表框中选择"mill_ planar"选项，在"工序子类型"选项组中单击"面铣"按钮，在"程序"下拉列表框中选择"PROGRAM_ J"选项，在

"刀具"下拉列表框中选择"MILL_ D20"选项，在"几何体"下拉列表框中选择"WORKPIECE"选项，在"方法"下拉列表框中选择"METHOD"选项，输入名称"FACE_ MILLING"，如图4—1—35所示，单击"确定"按钮，弹出如图4—1—36所示的"面铣"对话框。

图4—1—35 "创建工序"对话框

图4—1—36 "面铣"对话框

（15）指定部件。在"几何体"对话框中单击"指定面边界"按钮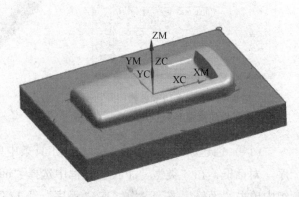，弹出"指定面几何体"对话框，如图4—1—37所示。选择下表面为面几何体对象，如图4—1—38所示。

图4—1—37 "指定面几何体"对话框

图4—1—38 "几何体"对象

（16）在"刀轨设置"对话框中单击"切削模式"选择 `跟随部件` ，并设置"平面直径百分比"为"80"。

点击"切削参数"  按钮，在余量中将部件余量设为"0.4"，壁余量设为"0.4"，如图4—1—39所示。

在"非切削移动" 对话框的"转移/快速"中，区域之间的转移类型选择"前一平面"，安全距离为"3"，区域内的转移类型选择"前一平面"，安全距离为3，如图4—1—40所示。

图4—1—39　"切削参数-余量"对话框

图4—1—40　"切削参数-转移/快速"对话框

（17）生成刀具轨迹。在"面铣"对话框中单击"生成刀轨"按钮 ，生成的刀具轨迹如图4—1—41所示，单击"确定"按钮。

（18）创建加工工序。在"刀片"工具条中单击"创建工序"按钮 ，弹出"创建工序"对话框，在"类型"下拉列表框中选择"mill_contour"选项，在"工序子类型"选项组中单击"深度加工廓铣"按钮 ，在"程序"下拉列表框中选择"PROGRAM_J"选项，在"刀具"下拉列表框中选择"MILL_D16R8"选项，在"几何体"下拉列表框中选

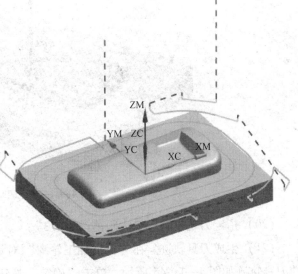

图4—1—41　生成刀轨

择"WORKPIECE"选项，在"方法"下拉列表框中选择"METHOD"选项，输入名称"FIXED_ CONTOUR"，如图4—1—42所示，单击"确定"按钮，弹出如图4—1—43所示的"深度加工轮廓"对话框。

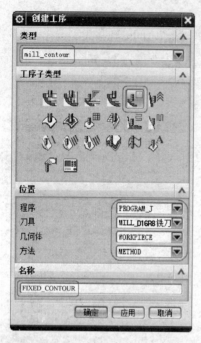

图4—1—42 "创建工序"对话框

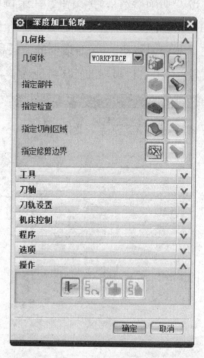

图4—1—43 "深度加工轮廓"对话框

（19）在"几何体"对话框中指定切削区域选择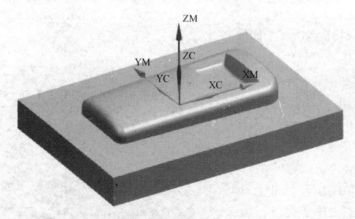按钮，如图4—1—44所示。

图4—1—44 切削区域

（20）指定刀轨设置。最大距离设为"3"。

（21）生成刀具轨迹。在"深度加工轮廓"对话框中单击"生成刀轨"按钮，生成的刀具轨迹如图4—1—45所示，单击"确定"按钮。

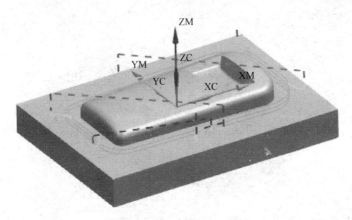

图4—1—45 生成刀轨

（22）创建加工工序。在"刀片"工具条中单击"创建工序"按钮，弹出"创建工序"对话框，在"类型"下拉列表框中选择"mill_ contour"选项，在"工序子类型"选项组中单击"固定轮廓铣"按钮，在"程序"下拉列表框中选择"PROGRAM_ J"选项，在"刀具"下拉列表框中选择"MILL_ D16R8"选项，在"几何体"下拉列表框中选择"WORKPIECE"选项，在"方法"下拉列表框中选择"METHOD"选项，输入名称"FIXED_ CONTOUR"，如图4—1—46所示，单击"确定"按钮，弹出如图4—1—47所示的"固定轮廓铣"对话框。

图4—1—46 "创建工序"对话框

图4—1—47 "固定轮廓铣"对话框

（23）在"几何体"对话框中指定切削区域选择按钮，如图4—1—48所示。

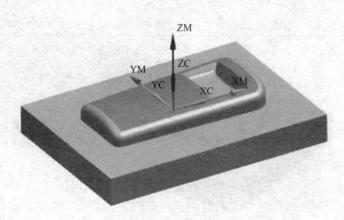

图 4—1—48 切削区域

（24）指定驱动方法。在"驱动方法"对话框中选择"区域铣削"，单击"编辑"按钮 🔧，在驱动设置下设置切削模式为"往复"、切削方向为"顺铣"、步距为"恒定"、最大距离为"0.2"、切削角为"指定"、与 XC 的夹角为"15"，如图 4—1—49 所示。

（25）指定刀轨设置。

点击"切削参数" 🔲 按钮，在策略中将切削方向设为"顺铣"、切削角设为"指定"、与 XC 的夹角为"15"，在延伸刀轨中勾选"在边上延伸"，如图 4—1—50 所示。

图 4—1—49 "区域铣削驱动
方法"对话框

图 4—1—50 "切削参数-策略"对话框

（26）生成刀具轨迹。在"固定轮廓铣"对话框中单击"生成刀轨"按钮 📥，生成的刀具轨迹如图 4—1—51 所示，单击"确定"按钮。

（27）复制 FIXED_ CONTOUR 程序，在 PROGRAM_ J 下进行内部粘贴，如图 4—1—52 所示。

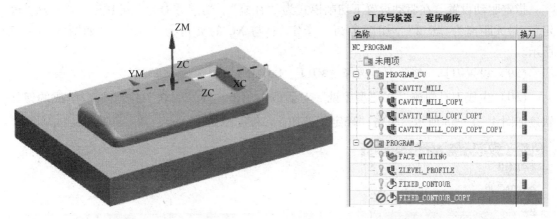

图 4—1—51　生成刀轨　　　　　　　　　　图 4—1—52　工序导航器

（28）双击编辑 FIXED_ CONTOUR_ COPY 进行编辑，修改驱动方法为"边界"单击"编辑"按钮，在驱动几何体下指定驱动几何体，点击"选择或编辑驱动几何体"按钮，在模式下选择"曲线/边"→在平面下选择"用户定义"，如图 4—1—53 所示。弹出平面对话框，选择零件下表面并设置距离为"22"，如图 4—1—54 所示，单击确定按钮。材料侧为"外部"、刀具位置为"对中"。依次选取曲线，如图 4—1—55 所示。点击确定显示边界如图 4—1—56 所示。

图 4—1—53　"创建边界"对话框

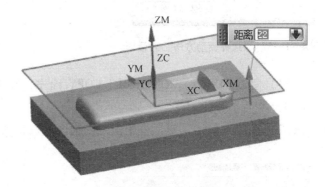

图 4—1—54　定义表面

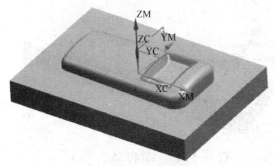

图 4—1—55　曲线/边

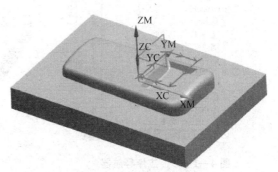

图 4—1—56　显示边界

指定驱动设置。在驱动设置下切削模式为"往复"、切削方向为"顺铣"、步距为"恒定"、最大距离为"0.2"、切削角为"指定"、与 XC 的夹角为"-45"，如图 4—1—57 所示。

（29）设置刀具。修改刀具选择"MILL_ D6R3"。

（30）生成刀具轨迹。在"型腔铣"对话框中单击"生成刀轨"按钮，生成的刀具轨迹如图 4—1—58 所示，单击"确定"按钮。

图 4—1—57 "边界驱动方法"对话框

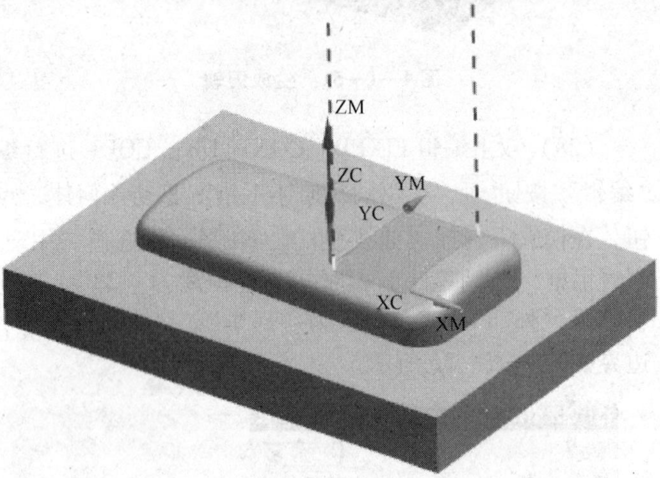

图 4—1—58 生成刀轨

（31）复制 FIXED_ CONTOUR_ COPY 程序，在 PROGRAM_ J 下进行内部粘贴，如图 4—1—59 所示。

（32）在"几何体"对话框中指定切削区域选择按钮，如图 4—1—60 所示。

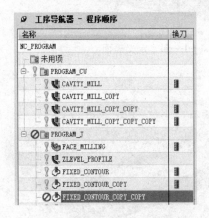

图 4—1—59 工序导航器

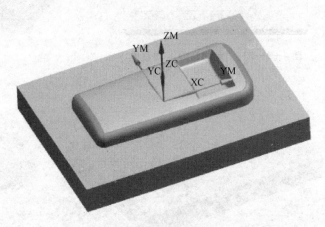

图 4—1—60 切削区域

（33）将复制的程序进行修改。

指定驱动方法。在"驱动方法"对话框中，选择"区域铣削"，单击"编辑"按钮 ，在驱动设置下设置切削模式为"跟随周边"、刀路方向为"向内"、切削方向为"顺铣"、步距为"恒定"、最大距离为"0.1"，如图4—1—61所示。

（34）指定工具。刀具选择"MILL_ D6R3"。

（35）指定刀轨设置。

点击"切削参数" 按钮，在策略中对话框中将切削方向设为"顺铣"、将刀路方向设为"向内"，在延伸刀轨中勾选"在边上延伸"，距离为"2 mm"，如图4—1—62所示。

图4—1—61 "区域铣削驱动方法"对话框

图4—1—62 "切削参数-策略"对话框

（36）生成刀具轨迹。在"固定轮廓铣"对话框中单击"生成刀轨"按钮，生成的刀具轨迹如图4—1—63所示，单击"确定"按钮。

（37）复制FIXED_ CONTOUR_ COPY_ COPY_ COPY程序，在PROGRAM_ J下进行内部粘贴，如图4—1—64所示。

（38）将复制的程序进行修改。

指定驱动方法。在"驱动方法"对话框中，选择"清根"，单击"编辑"按钮，设置参考刀具为"MILL_ D6R3"，如图4—1—65所示。

（39）指定工具。刀具选择"MILL_ D2R1"。

（40）指定几何体设置。

点击"指定修剪边界"按钮，在过滤器类型下选择"曲线边界"按钮，选择轮廓线，如图4—1—66所示。

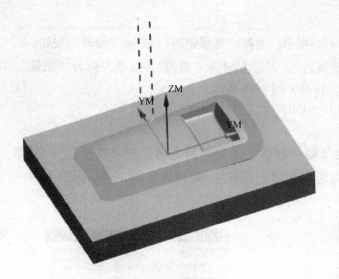

图 4—1—63　生成刀轨

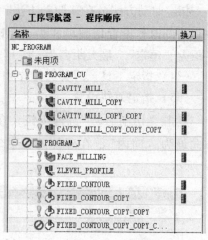

图 4—1—64　工序导航器

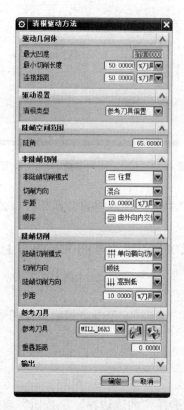

图 4—1—65　"清根驱动方法"对话框

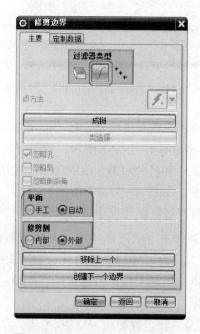

图 4—1—66　"修剪边界"对话框

（41）生成刀具轨迹。在"固定轮廓铣"对话框中单击"生成刀轨"按钮，生成的刀具轨迹如图 4—1—67 所示，单击"确定"按钮。

（42）加工工序仿真。在工序导航器中选择"PROGRAM_CU、PROGRAM_J"两个文

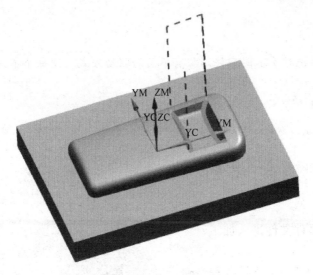

图4—1—67 生成刀轨

件夹，在工具条中单击"确认刀轨"按钮，弹出"可视化刀轨轨迹"对话框，选择"2D
动态"选项卡，单击"播放"按钮，进入加工仿真环境，仿真结果如图4—1—68所示，
然后依次单击"确定"按钮，完成工序的创建。

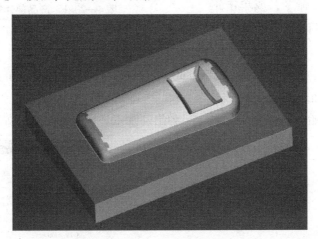

图4—1—68 仿真效果

项目二 产品部件的加工

项目目标

1. 能够根据不同零件轮廓选择不同的固定轴曲面轮廓铣驱动方式。
2. 能够利用深度加工轮廓铣完成零件陡壁精加工。

项目描述

本项目部件在曲面特征的基础上创建特征，给加工编程带来难度，需要采用不同的驱动方式解决。

项目分析

固定轴曲面轮廓铣对于不同零件形状有不同的驱动方式，使每个不同的零件加工表面质量都能达到最佳。

项目知识与技能

一、项目模型

产品部件模型如图4—2—1所示。

二、加工步骤

第一步 打开零件文件进入加工环境

（1）选择"开始"→"所有程序"→"Siemens NX8.5"→"NX8.5"命令，进入NX8.5启动界面。

（2）在NX8.5启动界面中选择"文件"→"打开"命令，或单击工具栏中 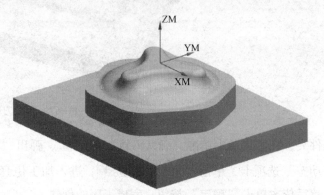 按钮，弹出"打开"对话框。

图4—2—1 产品部件模型

（3）在对话框中选择文件 D：\ Modular4 \ project2 \ mode4-2. prt，单击 确定 按钮打开文件，打开的零件如图4—2—2所示。

（4）选择"开始"→"加工"命令，弹出"加工环境"对话框，如图4—2—3所示。

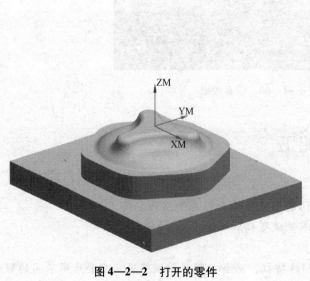

图4—2—2 打开的零件

图4—2—3 "加工环境"对话框

（5）在"加工环境"对话框的"要创建的 CAM 设置"列表框中选择"mill_ contour"选项，单击 确定 按钮，完成加工环境的初始化工作，进入加工模块。

第二步 创建刀具组

创建刀具。在"导航器"工具条中单击"机床视图"按钮，将工序导航器切换到机床视图。单击"插入"工具条的 按钮，弹出"创建刀具"对话框，选择加工类型为"mill_ contour"，在"创建刀具"对话框的"刀具子类型"面板中单击"MILL"按钮，在"名称"文本框中输入"MILL_ D20"，如图 4—2—4 所示，单击"确定"按钮，设置刀具相关参数以及显示刀柄如图 4—2—5 所示。

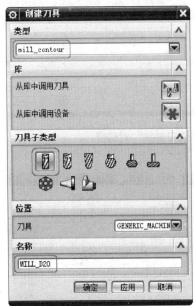
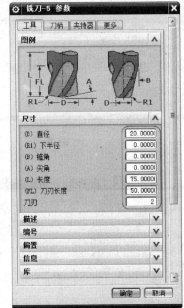
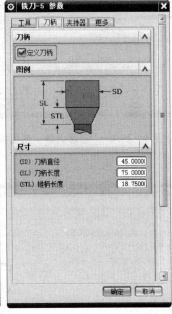

图 4—2—4 "创建刀具"对话框   图 4—2—5 "铣刀参数"对话框

单击"插入"工具条的 按钮，弹出"创建刀具"对话框，选择加工类型为"mill_ contour"，在"创建刀具"对话框的"刀具子类型"面板中单击"MILL"按钮，在"名称"文本框中输入"MILL_ D16R8"，如图 4—2—6 所示，单击"确定"按钮，设置刀具相关参数以及显示刀柄如图 4—2—7 所示。

单击"插入"工具条的 按钮，弹出"创建刀具"对话框，选择加工类型为"mill_ contour"，在"创建刀具"对话框的"刀具子类型"面板中单击"MILL"按钮，在"名称"文本框中输入"MILL_ D6R3"，如图 4—2—8 所示，单击"确定"按钮，设置刀具相关参数以及显示刀柄如图 4—2—9 所示。

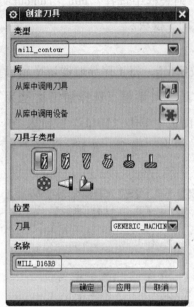

图 4—2—6 "创建刀具" 对话框

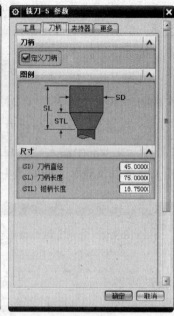

图 4—2—7 "铣刀参数" 对话框

图 4—2—8 "创建刀具" 对话框

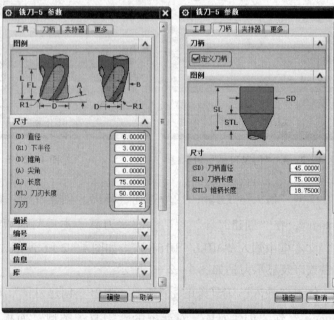

图 4—2—9 "铣刀参数" 对话框

第三步 创建工件

（1）在"操作导航器-几何"窗口中双击"WORKPIECE"节点，弹出如图 4—2—10 所示的"工件"对话框。

（2）单击"工件"对话框中"指定部件"右侧的 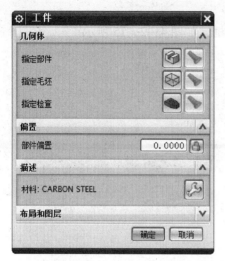 按钮，弹出"部件几何体"对话框，如图4—2—11所示。在图形区中选择产品工件为部件，单击 确定 按钮，完成部件几何体的选择。

图4—2—10 "工件"对话框

图4—2—11 "部件几何体"对话框

（3）单击"工件"对话框中"指定毛坯"右侧的  按钮，弹出"毛坯几何体"对话框，如图4—2—12所示。

（4）在"毛坯几何体"对话框的"类型"面板的下拉列表框中选择"包容块"选项，如图4—2—13所示，单击 确定 按钮，完成毛坯几何体的创建。

图4—2—12 "毛坯几何体"对话框

图4—2—13 毛坯几何体设置

第四步　创建加工程序组

（1）在"刀片"工具条中单击"创建程序"按钮，弹出"创建程序"对话框，如图 4—2—14 所示。在该对话框中选择"类型"下拉表框中的"mill_ contour"选项，在"名称"文本框中输入"PROGRAM_ CU"。

（2）单击"确定"按钮，弹出"程序"对话框，如图 4—2—15 所示。

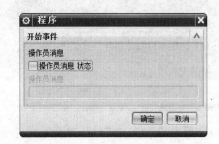

图 4—2—14　"创建程序"对话框　　　　图 4—2—15　"程序"对话框

（3）在"刀片"工具条中单击"创建程序"按钮，弹出"创建程序"对话框，如图 4—2—16 所示。在该对话框中选择"类型"下拉表框中的"mill_ contour"选项，在"名称"文本框中输入"PROGRAM_ J"。

（4）单击"确定"按钮，弹出"程序"对话框，如图 4—2—17 所示。

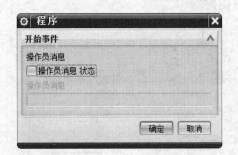

图 4—2—16　"创建程序"对话框　　　　图 4—2—17　"程序"对话框

第五步 创建加工工序

（1）加工工序。在"刀片"工具条中单击"创建工序"，按钮 ，弹出"创建工序"对话框，在"类型"下拉列表框中选择"mill_contour"选项，在"工序子类型"选项组中单击"型腔铣"按钮 ，在"程序"下拉列表框中选择"PROGRAM_CU"选项，在"刀具"下拉列表框中选择"MILL_D20"选项，在"几何体"下拉列表框中选择"WORKPIECE"选项，在"方法"下拉列表框中选择"METHOD"选项，输入名称"CAVITY_MILL"，如图4—2—18所示，单击"确定"按钮，弹出如图4—2—19所示的"型腔铣"对话框。

图4—2—18 "创建工序"对话框

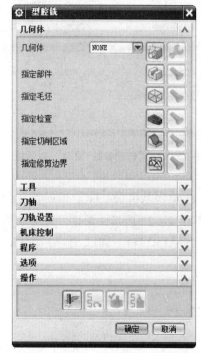

图4—2—19 "型腔铣"对话框

（2）在"几何体"对话框中指定切削区域选择 按钮，如图4—2—20所示。

（3）在"刀轨设置"对话框中单击"切削模式"选择 跟随周边 ，并设置"平面直径百分比"为"80"、"最大距离"为"3 mm"。

点击"切削参数" 按钮，设置策略中相关选项，切削方向为"顺铣"、切削顺序为"层优先"、刀路方向为"向内"，如图4—2—21所示，在余量中将部件侧面余量设为"0.3"，如图4—2—22所示。

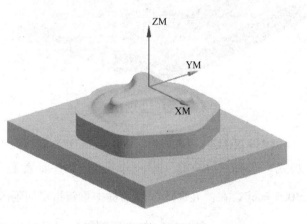

图4—2—20 切削区域

图 4—2—21 "切削参数-策略"对话框

图 4—2—22 "切削参数-余量"对话框

（4）生成刀具轨迹。在"型腔铣"对话框中单击"生成刀轨"按钮 ，生成的刀具轨迹如图 4—2—23 所示，单击"确定"按钮。

（5）复制 CAVITY_ MILL 程序，在 PROGRAM_ CU 下进行内部粘贴，如图 4—2—24 所示。

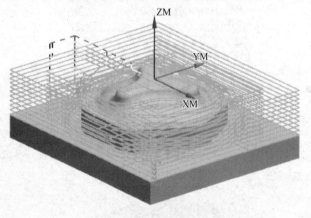

图 4—2—23 生成刀轨

图 4—2—24 工序导航器

（6）双击编辑 CAVITY_ MILL_ COPY 进行编辑，在"刀轨设置"对话框中单击"切削模式"选择 轮廓加工 ，并设置"平面直径百分比"为"80"、"最大距离"为"0.5 mm"。在"几何体"对话框中重新指定切削区域选择 按钮，如图 4—2—25 所示。

（7）生成刀具轨迹。在"型腔铣"对话框中单击"生成刀轨"按钮 ，生成的刀具轨迹如图 4—2—26 所示，单击"确定"按钮。

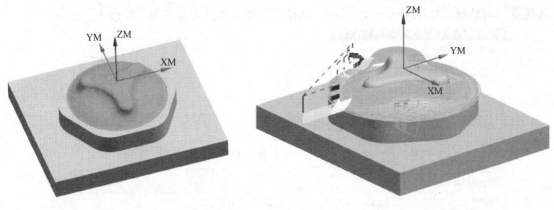

图4—2—25 切削区域   图4—2—26 生成刀轨

（8）创建加工工序。在"刀片"工具条中单击"创建工序"按钮 ，弹出"创建工序"对话框，在"类型"下拉列表框中选择"mill_planar"选项，在"工序子类型"选项组中单击"面铣"按钮 ，在"程序"下拉列表框中选择"PROGRAM_J"选项，在"刀具"下拉列表框中选择"MILL_D20"选项，在"几何体"下拉列表框中选择"WORKPIECE"选项，在"方法"下拉列表框中选择"METHOD"选项，输入名称"FACE_MILLING"，如图4—2—27所示，单击"确定"按钮，弹出如图4—2—28所示的"面铣"对话框。

图4—2—27 "创建工序"对话框   图4—2—28 "面铣"对话框

（9）指定部件。在"几何体"对话框中单击"指定面边界"按钮 ，弹出"指定面几何体"对话框，如图4—2—29所示。选择下表面为面几何体对象，如图4—2—30所示。

图4—2—29 "指定面几何体"对话框

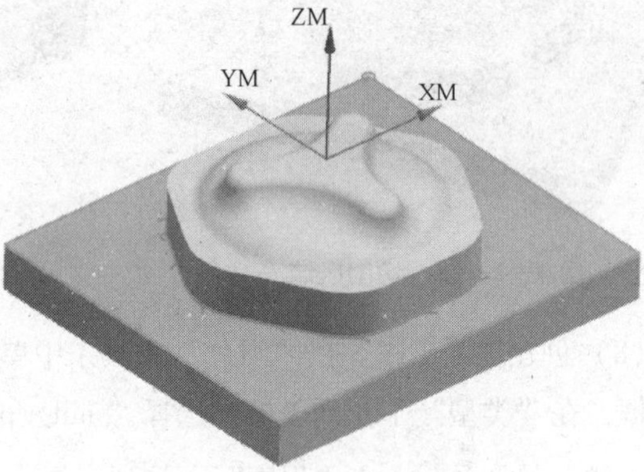

图4—2—30 "几何体"对象

（10）在"刀轨设置"对话框中单击"切削模式"选择 跟随部件 ，并设置"平面直径百分比"为"80"。

点击"切削参数" 按钮，在余量中将部件余量设为"0.4"、壁余量设为"0.4"，如图4—2—31所示。

在"非切削移动" 对话框的"转移/快速"中，区域之间的转移类型选择"前一平面"，安全距离为"3"，区域内的转移类型选择"前一平面"，安全距离为3，如图4—2—32所示。

图4—2—31 "切削参数-余量"对话框

图4—2—32 "非切削移动-转移/快速"对话框

（11）生成刀具轨迹。在"面铣"对话框中单击"生成刀轨"按钮，生成的刀具轨迹如图4—2—33所示，单击"确定"按钮。

（12）复制FACE_ MILLING程序，在PROGRAM_ J下进行内部粘贴，如图4—2—34所示。

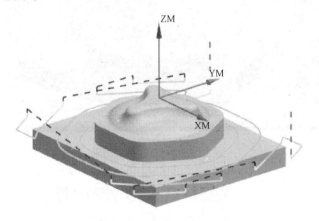

图4—2—33 生成刀轨

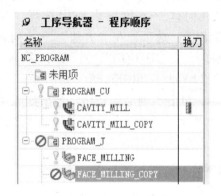

图4—2—34 工序导航器

（13）重新指定面边界。在"几何体"对话框中单击"指定面边界"按钮，弹出"指定面几何体"对话框，如图4—2—35所示，点击"全部重选"，选择如图4—2—36所示表面。

图4—2—35 "指定面几何体"对话框

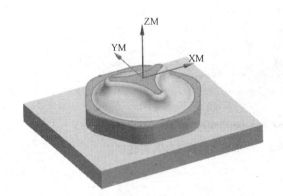

图4—2—36 "几何体"对象

（14）生成刀具轨迹。在"面铣"对话框中单击"生成刀轨"按钮，生成的刀具轨迹如图4—2—37所示，单击"确定"按钮。

（15）创建加工工序。在"刀片"工具条中单击"创建工序"按钮，弹出"创建工

序"对话框,在"类型"下拉列表框中选择"mill_ contour"选项,在"工序子类型"选

项组中单击"深度加工廓铣"按钮 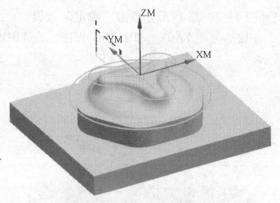,
在"程序"下拉列表框中选择
"PROGRAM_ J"选项,在"刀具"下拉
列表框中选择"MILL_ D20"选项,在
"几何体"下拉列表框中选择"WORK-
PIECE"选项,在"方法"下拉列表框中
选择"METHOD"选项,输入名称
"ZLEVEL_ PROFILE",如图 4—2—38 所
示,单击"确定"按钮,弹出如图 4—2—
39 所示的"深度加工轮廓"对话框。

图 4—2—37　生成刀轨

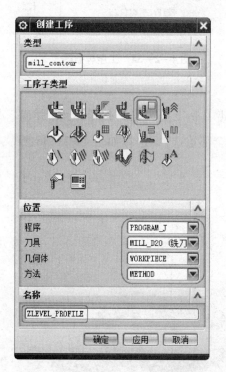

图 4—2—38　"创建工序"对话框

图 4—2—39　"深度加工轮廓"对话框

（16）在"几何体"对话框中指定切削区域选择 ⬛ 按钮,如图 4—2—40 所示。

（17）指定刀轨设置。最大距离设为"3"。

（18）生成刀具轨迹。在"深度加工轮廓"对话框中单击"生成刀轨"按钮 ⬛,生成
的刀具轨迹,如图 4—2—41 所示,单击"确定"按钮。

（19）创建加工工序。在"刀片"工具条中单击"创建工序"按钮 ⬛,弹出"创建工

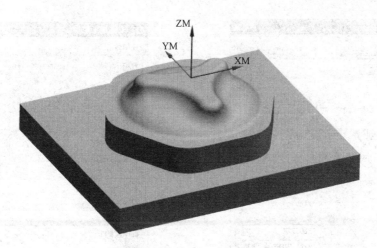

图 4—2—40 切削区域

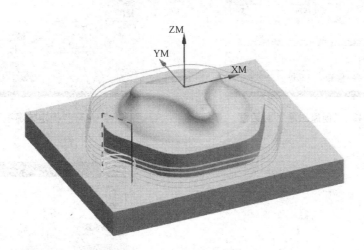

图 4—2—41 生成刀轨

序"对话框，在"类型"下拉列表框中选择"mill_ contour"选项，在"工序子类型"选项组中单击"固定轮廓铣"按钮 ⬇️ ，在"程序"下拉列表框中选择"PROGRAM_ J"选项，在"刀具"下拉列表框中选择"MILL_ D16R8"选项，在"几何体"下拉列表框中选择"WORKPIECE"选项，在"方法"下拉列表框中选择"METHOD"选项，输入名称"FIXED_ CONTOUR"，如图 4—2—42 所示，单击"确定"按钮，弹出如图 4—2—43 所示的"固定轮廓铣"对话框。

（20）在"几何体"对话框中指定切削区域选择 🔘 按钮，如图 4—2—44 所示。

（21）指定驱动方法。在"驱动方法"对话框中选择"区域铣削"，单击"编辑"按钮 🔧 ，在驱动设置下，设置切削模式为"同心往复"、阵列中心为"指定"、指定点为"XC-70、YC60、ZC0"、刀路方向为"向内"、切削方向为"顺铣"、步距为"恒定"、最大距离为"0.2"，如图 4—2—45 所示。

图4—2—42 "创建工序"对话框

图4—2—43 "固定轮廓铣"对话框

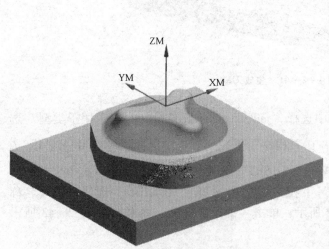

图4—2—44 切削区域

图4—2—45 "区域铣削驱动方法"对话框

（22）指定刀轨设置。

点击"切削参数"按钮，在策略中将切削方向设为"顺铣"、将刀路方向设为"向内"，如图4—2—46所示。

（23）生成刀具轨迹。在"固定轮廓铣"对话框中单击"生成刀轨"按钮，生成的刀具轨迹如图4—2—47所示，单击"确定"按钮。

图4—2—46　"切削参数-策略"对话框

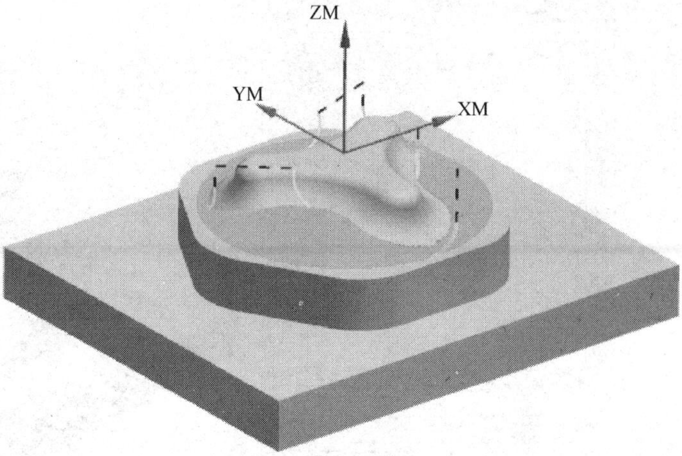

图4—2—47　生成刀轨

（24）复制FIXED_ CONTOUR程序，在PROGRAM_ J下进行内部粘贴，如图4—2—48所示。

（25）将复制的程序进行修改。

指定驱动方法。在"驱动方法"对话框中选择"曲面"，单击"编辑"按钮，在驱动几何体下指定驱动几何体，单击"选择或编辑驱动几何体"按钮，选择曲面如图4—2—49所示，刀具位置为"相切"。在驱动设置中，设置切削模式为"往复"、步距为"数量"、步距数为"20"。

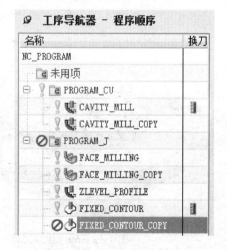

图4—2—48　工序导航器

（26）生成刀具轨迹。在"固定轮廓铣"对话框中单击"生成刀轨"按钮，生成的刀具轨迹如图4—2—50所示，单击"确定"按钮。

（27）复制FIXED_ CONTOUR程序，在PROGRAM_ J下进行内部粘贴，如图4—2—51所示。

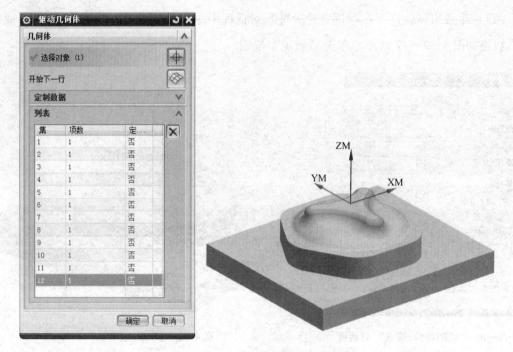

图 4—2—49 "驱动几何体"对话框

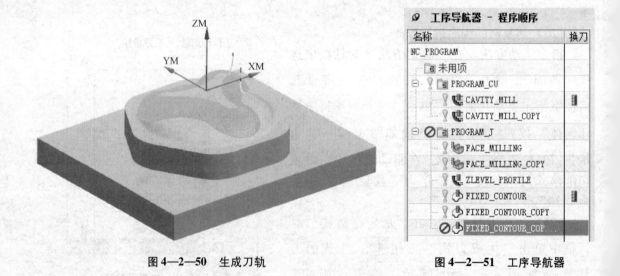

图 4—2—50 生成刀轨   图 4—2—51 工序导航器

（28）在"几何体"对话框中指定切削区域选择 按钮，如图 4—2—52 所示。

（29）将复制的程序进行修改。

指定驱动方法。在"驱动方法"对话框中选择"区域铣削"，单击"编辑"按钮，在驱动设置下切削模式为"同心单向"、阵列中心为"指定"、指定点为"XC-70、YC60、

ZC0"、刀路方向为"向内"、切削方向为"顺铣"、步距为"恒定"、最大距离为"0.2"，如图4—2—53所示。

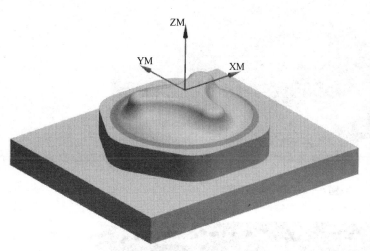

图4—2—52 切削区域

图4—2—53 "区域铣削驱动方法"对话框

（30）指定工具。刀具选择"MILL_ D6R3"。

（31）指定刀轨设置。

点击"切削参数"按钮![icon]，在策略中对话框中将切削方向设为"顺铣"、将刀路方向设为"向内"，在延伸刀轨中勾选"在边上延伸"距离为"20"，如图4—2—54所示。

（32）生成刀具轨迹。在"固定轮廓铣"对话框中单击"生成刀轨"按钮![icon]，生成的刀具轨迹如图4—2—55所示，单击"确定"按钮。

（33）加工工序仿真。在工序导航器中选择"PRO-GRAM_ CU、PROGRAM_ J"两个文件夹，在工具条中单击"确认刀轨"按钮![icon]，弹出"可视化刀轨轨迹"对话框，选择"2D动态"选项卡，单击"播放"按钮![icon]，进入加工仿真环境，仿真结果如图4—2—56所示，然后依次单击"确定"按钮，完成钻孔工序的创建。

图4—2—54 "切削参数-策略"对话框

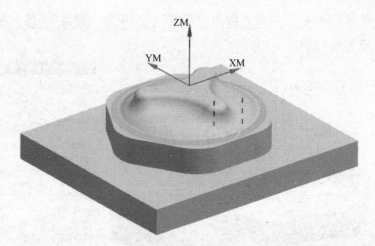

图 4—2—55　生成刀轨

图 4—2—56　仿真效果

模块五

孔 加 工

项目一　法兰盘孔位加工

项目目标

1. 掌握创建点位加工操作的基本步骤。

2. 了解点位孔加工的加工位置、部件表面和底面。

3. 了解点位孔加工参数设置。

项目描述

点位孔加工用来创建钻孔、沉孔、埋头孔、扩孔、镗孔加工。本项目对钻孔的加工进行练习。

项目分析

本项目对孔位在一个加工平面的零件进行操作练习。

项目知识与技能

一、项目图样

法兰盘零件结构图如图5—1—1所示。

二、设计步骤

第一步　建立新文件

（1）选择"开始"→"所有程序"→"Siemens NX8.5"→"NX8.5"命令，进入NX8.5启动界面。

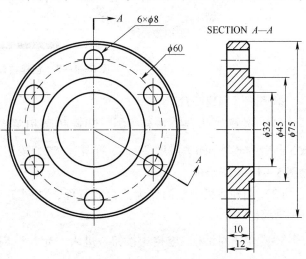

图5—1—1　法兰盘零件结构图

（2）在 NX8.5 启动界面中选择"文件"→"新建"命令，或单击工具栏中 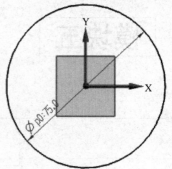 按钮，弹出"新建"对话框。

（3）在对话框中输入零件名称 mode5-1.prt，设置文件保存路径为 D：\ Modular5\ project1 \ mode5-1.prt，单击"确定"完成新建文件。

第二步　创建拉伸实体

（1）选择"草图"按钮，创建 φ75 mm 圆，单击 完成草图 按钮，如图 5—1—2 所示。

（2）选择"拉伸"按钮，拉伸深度 10 mm，如图 5—1—3 所示。

图 5—1—2　创建草图

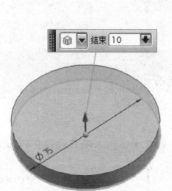

图 5—1—3　创建拉伸实体

第三步　创建凸台

（1）选择"凸台"按钮 ，设置凸台相关参数，凸台为 φ45 mm，厚度 2 mm，单击 确定 按钮，如图 5—1—4 所示。

（2）圆柱底板上表面作为凸台放置面，如图 5—1—5 所示。

（3）单击对话框 应用 按钮，进入"定位"对话框，如图 5—1—6 所示。选择"点落在点上"按钮 ，完成孔定位如图 5—1—7 所示，选择"圆弧中

图 5—1—4　设置凸台参数

心"，如图5—1—8所示。

（4）凸台创建完成，如图5—1—9所示。

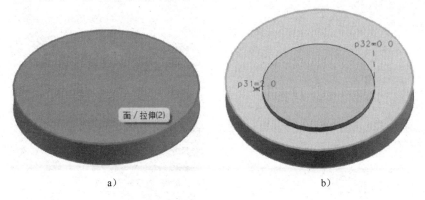

a)   b)

图5—1—5 "凸台"放置面

a）放置面　b）预览效果

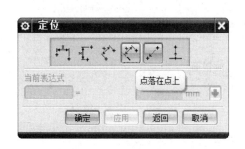

图5—1—6 "定位"对话框

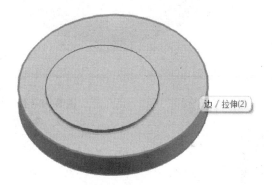

图5—1—7 选择参考边

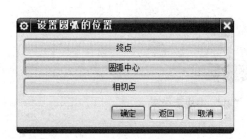

图5—1—8 选择"圆弧中心"

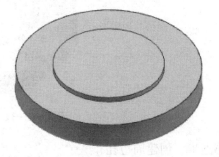

图5—1—9 "凸台"完成后效果

第四步　创建中间孔

（1）单击"孔"按钮 ⬚ ，选择凸台上表面边缘，确定孔位如图5—1—10所示。

（2）创建完成后零件，如图5—1—11所示。

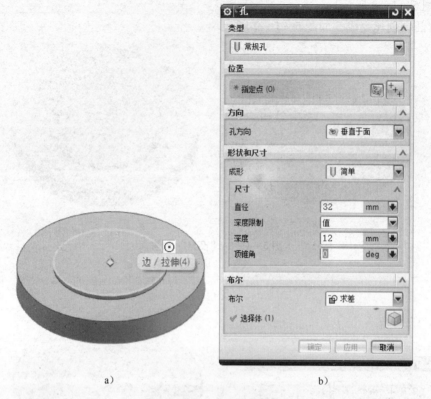

a)   b)

图 5—1—10 "孔"放置面

a) 参考边 b) 孔参数

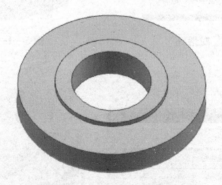

图 5—1—11 "孔"完成后效果

第五步　创建周边孔

（1）单击"孔"按钮 ⬦，点选"绘制界面"按钮 ⬛，选择底板上表面，作为草图平面，如图 5—1—12 所示。

（2）创建孔"草图点"。点位尺寸 X 方向为 30 mm，Y 方向为 0 mm，如图 5—1—13 所示。

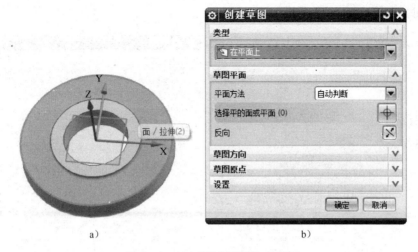

a）   b）

图 5—1—12　"绘制截面"放置面

a）放置面　b）"创建草图"对话框

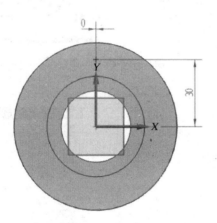

图 5—1—13　"草图点"尺寸

（3）阵列孔点。选择"阵列曲线"按钮 ，点选"选择曲线"按钮 ，选择刚创建完成的点，并选择布局方式为"圆形"，设置旋转点，点击"自动判断点"按钮 ，选择圆心。设置数量为 6，节距角为 60，单击 确定 按钮，如图 5—1—14 所示，完成草图。

（4）设置孔参数，孔直径为 8 mm，深度为 10 mm，单击 确定 按钮，如图 5—1—15 所示。

（5）孔创建完成，如图 5—1—16 所示。

第六步　创建倒斜角

（1）单击"倒斜角"按钮 ，选择圆柱底板的上下两边缘，斜角为 1 mm，单击 确定 按钮，如图 5—1—17 所示。

（2）单击"倒斜角"按钮 ，选择凸台边缘及中间孔边缘，斜角为 0.5 mm，单击

确定 按钮，如图 5—1—18 所示。

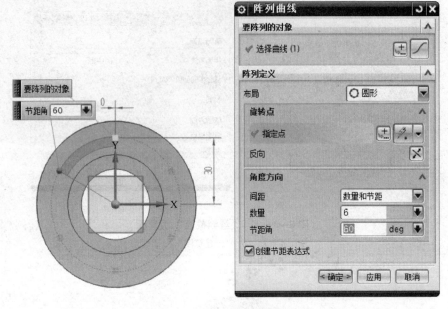

图 5—1—14 阵列孔点

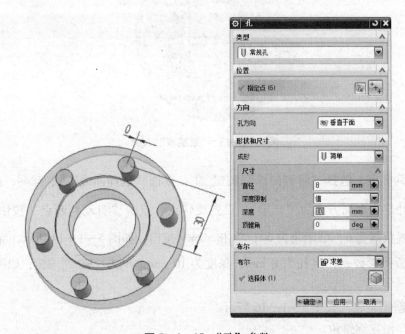

图 5—1—15 "孔" 参数

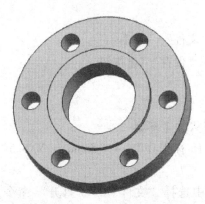

图 5—1—16　完成孔阵列

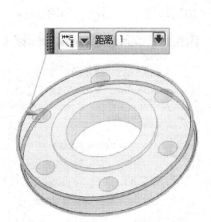

图 5—1—17　倒斜角 1 mm

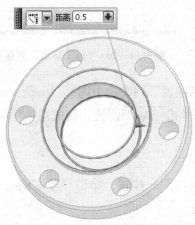

图 5—1—18　倒斜角 0.5 mm

第六步　保存文件

方法一：单击下拉菜单"文件"→"保存"。

方法二：单击标准工具条"保存" 按钮。

三、加工步骤

第一步　打开零件文件进入加工环境

（1）选择"开始"→"所有程序"→"Siemens NX8.5"→"NX8.5"命令，进入 NX8.5 启动界面。

（2）在 NX8.5 启动界面中选择"文件"→"打开"命令，或单击工具栏中 按钮，弹出"打开"对话框。

（3）在对话框中选择文件 D：\ Modular5 \ project1 \ mode5-1. prt，单击"确定"按钮打开文件，打开的零件如图 5—1—19 所示。

（4）选择"开始"→"加工"命令，弹出"加工环境"对话框，如图 5—1—20 所示。

图 5—1—19　打开的零件

图 5—1—20　"加工环境"对话框

（5）在"加工环境"对话框的"CAM 会话配置"列表框中选择"cam_ general"选项，"要创建的 CAM 设置"选择"mill_ contour"，单击 确定 按钮，完成加工环境的初始化工作，进入加工模块。

第二步　设置几何体组

（1）在"导航器"工具条中单击 （几何视图）按钮，单击屏幕右侧的 （工序导航器）按钮，弹出"工序导航器-几何"对话框。

（2）双击操作导航器中的 MCS_MILL 按钮，将弹出如图 5—1—21 所示的"MCS 铣削"对话框。

（3）在"MCS 铣削"对话框中单击"指定 MCS"后面的 按钮，弹出如图 5—1—22 所示的"CSYS"对话框。

图 5—1—21 "MCS 铣削"对话框

图 5—1—22 "CSYS"对话框

（4）在图形区的坐标窗口中 Z 输入值为 12，移动加工坐标系原点到凸台上表面的中心处，如图 5—1—23 所示。

（5）单击"确定"按钮，完成加工坐标系的设置，退出"CSYS"对话框，返回"MCS 铣削"对话框。

（6）在"MCS 铣削"对话框的"安全设置"面板的"安全设置选项"下拉列表框中选择"平面"选项，单击"指定平面"右侧的"平面对话框"按钮 ，弹出"平面"对话框，类型中选择"按某一距离"，如图 5—1—24 所示。

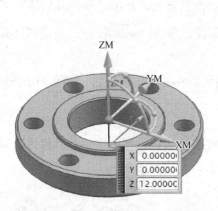

图 5—1—23 移动加工坐标系原点

图 5—1—24 "平面"对话框

（7）在图形区选择零件的上顶面为参考平面，如图5—1—25所示。在"类型"下拉列表框中选择"按某一距离"选项，"偏置"面板的"距离"文本框中输入安全距离为10 mm，单击 确定 按钮。

（8）返回"MCS铣削"对话框，单击 确定 按钮完成加工坐标系及安全平面的设置。

（9）单击屏幕右侧的 ⬚ （工序导航器）按钮，在下面"导航器"工具条中单击 ⬚ （几何视图）按钮，打开"工序导航器-几何视图"对话框，单击操作工序导航器中的 ⊞ ⬚ MCS_MILL左侧的加号，展开 ⬚ MCS_MILL节点。

（10）在"操作导航器-几何"窗口中双击"WORKPIECE"节点，弹出如图5—1—26所示的"工件"对话框。

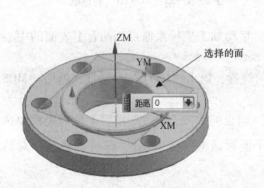

图5—1—25　选择的参考面

图5—1—26　"工件"对话框

（11）单击"工件"对话框中"指定部件"右侧的 ⬚ 按钮，弹出"部件几何体"对话框，如图5—1—27所示。在图形区中选择法兰盘为部件，单击 确定 按钮，完成部件几何体的选择。

（12）系统返回"工件"对话框，单击 ⬚ 右侧的 ⬚ 按钮来查看指定的部件几何体，通过单击 ⬚ 按钮来修改或编辑部件几何体。

（13）单击"工件"对话框中"指定毛坯"右侧的 ⬚ 按钮，弹出"毛坯几何体"对话框，如图5—1—28所示。

图5—1—27 "部件几何体"对话框

图5—1—28 "毛坯几何体"对话框

（14）在"毛坯几何体"对话框的"类型"面板的下拉列表框中选择"包容圆柱体"选项，如图5—1—29所示，单击 确定 按钮，完成毛坯几何体的创建。

（15）返回"工件"对话框，通过单击 按钮右侧的 按钮来查看指定的毛坯几何体，通过单击 按钮来修改或编辑毛坯几何体。

第三步 创建刀具组

（1）创建钻刀具。在"导航器"工具条中单击"机床视图"按钮，将工序导航器切换到机床视图。单击"插入"工具条的 按钮，弹出"创建刀具"对话框，选择加工类型为"drill"，在"创建刀具"对话框的"刀具子类型"面板中单击"DRILLING_ TOLL"按钮，在"名称"

图5—1—29 毛坯几何体设置

文本框中输入"DRILLING_ T_ D8"，如图5—1—30所示，单击"确定"按钮。

（2）在弹出的"钻刀"对话框中设置刀具参数，如图5—1—31所示，单击"确定"按钮。

第四步 创建加工程序组

（1）在"刀片"工具条中单击"创建程序"按钮，弹出"创建程序"对话框，如图5—1—32所示。在该对话框中选择"类型"下拉表框中的"drill"选项，在"名称"文本框中输入"PROGRAM_ DRILL"。

图 5—1—31 "钻刀"对话框

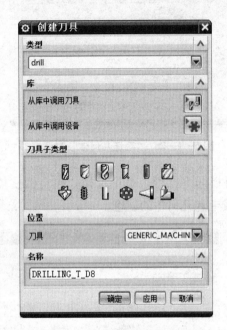

图 5—1—30 "创建刀具"对话框

图 5—1—32 "创建程序"对话框

（2）单击"确定"按钮，弹出"程序"对话框，如图5—1—33所示。单击"确定"按钮，完成"钻孔"程序的创建。

第五步　创建孔加工工序

（1）创建钻孔加工工序。在"刀片"工具条中单击"创建工序"按钮，弹出"创建工序"对话框，在"类型"下拉列表框中选择"drill"选项，在"工序子类型"选项组中单击"钻孔"按钮，在"程序"下拉列表框中选择"PROGRAM_ DRILL"选项，在"刀具"下拉列表框中选择"DRILLING_ T_ D8"选项，在"几何体"下拉列表框中选择"WORK-

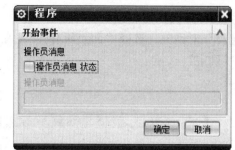

图 5—1—33　"程序"对话框

PIECE"选项，在"方法"下拉列表框中选择"DRILL_ METHOD"选项，输入名称"DRILLING"，如图5—1—34所示，单击"确定"按钮，弹出如图5—1—35所示的"钻"对话框。

图 5—1—34　"创建工序"对话框

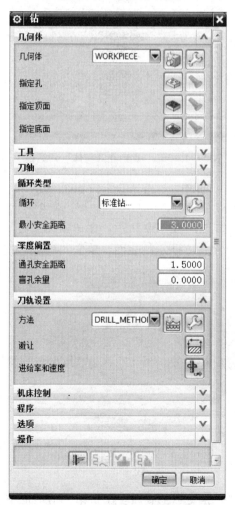

图 5—1—35　"钻"对话框

（2）指定加工的孔。在弹出的"钻"对话框中单击"指定孔"按钮 ，弹出"点到点几何体"对话框，如图 5—1—36 所示。单击"选择"按钮，弹出如图 5—1—37 所示的"选择"对话框，选择"面上所有孔"。在图形区选择如图 5—1—38 所示的面，然后依次单击"确定"按钮。

图 5—1—36　"点到点几何体"对话框

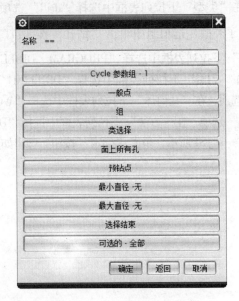

图 5—1—37　"选择"对话框

（3）指定加工顶面。在"钻"对话框中单击"指定顶面"按钮，弹出"顶面"对话框，如图 5—1—39 所示，在"顶面选项"下拉列表框中选择"面"选项。在图形区选择如图 5—1—40 所示的表面，单击"确定"按钮。

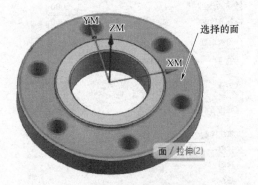

图 5—1—38　所有孔的面

图 5—1—39　"顶面"对话框

（4）指定加工底面。在"钻"对话框中单击"指定底面"按钮，弹出"底面"对话框，在"底面选项"下拉列表框中选择"面"选项。在图形区选择如图 5—1—41 所示的表面，单击"确定"按钮。

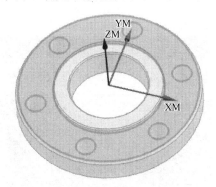

图5—1—40 选择顶面

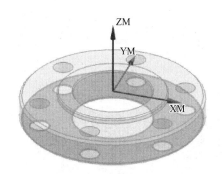

图5—1—41 选择底面

（5）设置钻孔加工循环类型。在"钻"对话框的"循环类型"选项卡中单击"循环"后的"编辑"按钮![]，弹出如图5—1—42所示的"指定参数组"对话框；单击"确定"按钮，弹出如图5—1—43所示的"Cycle参数"对话框；单击"Depth-模型深度"按钮，弹出如图5—1—44所示的"Cycle深度"对话框；单击"穿过底面"按钮，然后单击"确定"按钮。在"最小安全距离"文本框中输入值10。

图5—1—42 "指定参数组"对话框

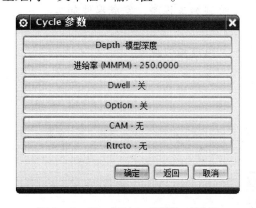

图5—1—43 "Cycle参数"对话框

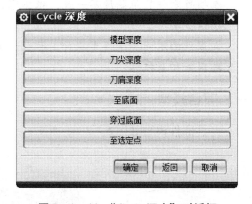

图5—1—44 "Cycle深度"对话框

（6）设置钻孔加工主要参数。在"钻"对话框的"深度偏置"选项卡中的"通孔安全距离"文本框中输入值1.5，"盲孔余量"文本框中输入值0，其他参数采用默认值。

（7）生成刀具轨迹。在"钻"对话框中单击"生成刀轨"按钮![]，生成的刀具轨迹如图5—1—45所示，单击"确定"按钮。

（8）钻孔加工工序仿真。在"钻"对话框中单击"确认刀轨"按钮![]，弹出"可视化刀轨轨迹"对话框，选择"2D动态"选项卡，单击"播放"按钮![]，进入加工仿真环境，仿真结果如图 5—1—46 所示，然后依次单击"确定"按钮，完成钻孔工序的创建。

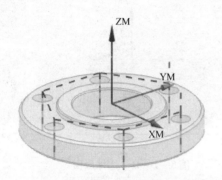

图 5—1—45　生成刀具轨迹

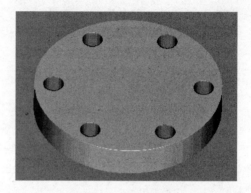

图 5—1—46　仿真效果

项目二　夹具部件孔位加工

项目目标

1. 能够用钻孔点位加工设置避让高度。
2. 掌握不同高度孔加工。

项目描述

本项目零件孔位高度不一致，根据零件不同高度编制加工程序，完成零件加工。

项目分析

在零件的不同高度设置孔加工参数，避免零件加工出现撞刀现象。

项目知识与技能

一、项目模型

夹具部件模型如图 5—2—1 所示。

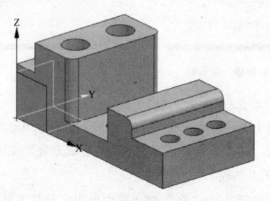

图 5—2—1　夹具部件模型

二、设计步骤

第一步　建立新文件

（1）选择"开始"→"所有程序"→"Siemens NX8.5"→"NX8.5"命令，进入 NX8.5 启动界面。

（2）在 NX8.5 启动界面中选择"文件"→"新建"命令，或单击工具栏中 ▢ 按钮，弹出"新建"对话框。

（3）在对话框中输入零件名称 mode5-2. prt，设置文件保存路径为 D：\ Modular5 \ pro-ject2 \ mode5-2. prt，单击"确定"完成新建文件。

第二步　创建长方体

选择 ▢ 按钮，尺寸为长 120 mm、宽 60 mm、高 29 mm，如图 5—2—2 所示，单击 确定 按钮，如图 5—2—3 所示。

图5—2—2　"块"对话框

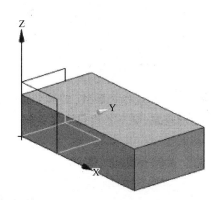

图5—2—3　创建长方体

第三步　创建垫块

（1）选择"垫块"按钮 ▧ ，选择"矩形"按钮，点选放置平面如图 5—2—4 所示，再选择水平参考面如图 5—2—5 所示。

（2）设置矩形垫块相关参数，如图 5—2—6 所示，单击对话框 确定 按钮。

（3）进入"定位"对话框，如图 5—2—7 所示。选择"按一定距离平行"按钮 工 ，完成边定位如图 5—2—8 所示，设置参数为 15，单击对话框 确定 按钮。

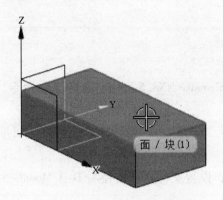

图 5—2—4　放置平面

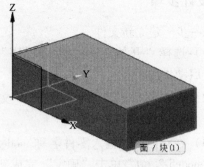

图 5—2—5　水平参考面

图 5—2—6　"矩形垫块"对话框

图 5—2—7　"定位"对话框

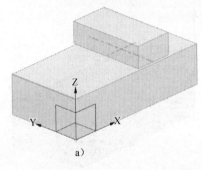

图 5—2—8　选择参考边
a）第一边　b）第二边

（4）再次进入"定位"对话框如图 5—2—9 所示。选择"线落在线上"按钮 ，选择目标边，如图 5—2—10 所示，设置参数为 15，单击对话框 确定 按钮。

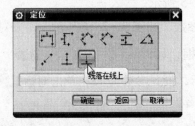

图 5—2—9　"定位"对话框

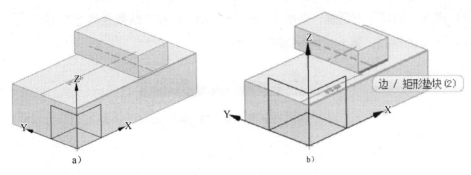

图 5—2—10 定位边

a) 目标边 b) 工具边

（5）垫块创建完成，如图 5—2—11 所示。

第四步 创建腔体 1

（1）选择"腔体"按钮 ⬛，选择"矩形"按钮，点选放置平面如图 5—2—12 所示，再选择水平参考面如图 5—2—13 所示。

（2）设置"矩形腔体"相关参数，如图 5—2—14 所示，单击对话框 确定 按钮。

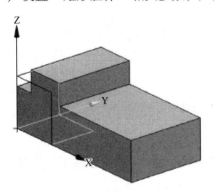

图 5—2—11 "凸台"完成后效果

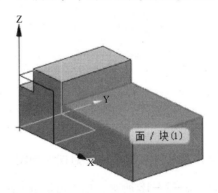

图 5—2—12 放置平面

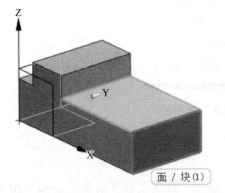

图 5—2—13 水平参考面

矩形腔体		
长度	60	mm
宽度	30	mm
深度	18	mm
拐角半径	0	mm
底面半径	0	mm
锥角	0	deg

确定　返回　取消

图 5—2—14 "矩形腔体"对话框

（3）进入"定位"对话框，如图5—2—15所示。选择"线落在线上"按钮 ⊥，定位边如图5—2—16所示，单击对话框 确定 按钮。

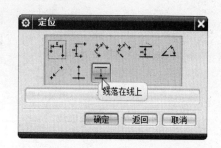

图5—2—15 "定位"对话框

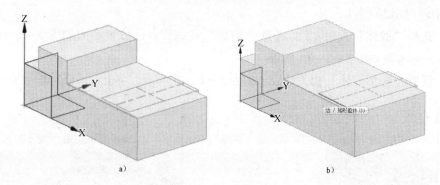

a)   b)

图5—2—16 定位边

a）目标边　b）工具边

（4）再次进入"定位"对话框如图5—2—17所示。选择"线落在线上"按钮 ⊥，定位边如图5—2—18所示，单击对话框 确定 按钮。

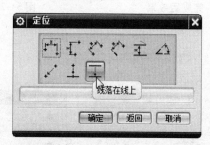

图5—2—17 "定位"对话框

（5）腔体创建完成，如图5—2—19所示。

第五步　创建腔体2

（1）选择"腔体"按钮 🔲，选择"矩形"按钮，点选放置平面如图5—2—20所示，再选择水平参考面，如图5—2—21所示。

（2）设置"矩形腔体"相关参数，如图5—2—22所示，单击 确定 按钮。

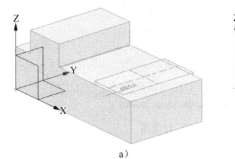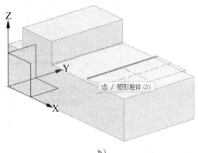

a）   b）

图5—2—18　定位边

a）目标边　b）工具边

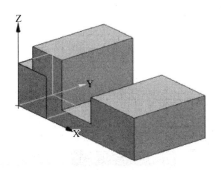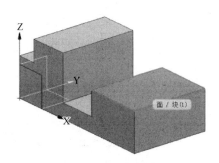

图5—2—19　"腔体"创建完成后效果　　　**图5—2—20　放置平面**

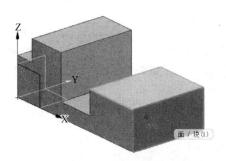

图5—2—21　水平参考面　　　**图5—2—22　"矩形腔体"对话框**

（3）进入"定位"对话框如图5—2—23所示。选择"线落在线上"按钮 ⊥，定位边如图5—2—24所示，单击 确定 按钮。

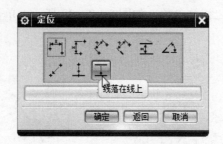

图 5—2—23 "定位"对话框

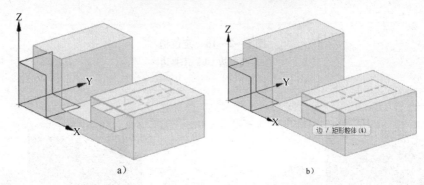

a)   b)

图 5—2—24 定位边

a) 目标边 b) 工具边

（4）再次进入"定位"对话框，如图 5—2—25 所示。选择"线落在线上"按钮 ，定位边如图 5—2—26 所示，单击 确定 按钮。

（5）腔体创建完成，如图 5—2—27 所示。

第六步 创建孔点位

（1）单击"草图"按钮 ，选择零件上表面，确定草图平面，如图 5—2—28 所示，单击 确定 按钮。

图 5—2—25 "定位"对话框

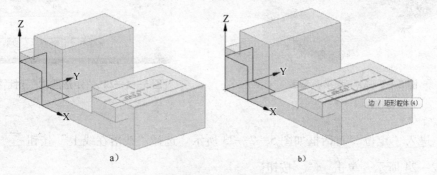

a)   b)

图 5—2—26 定位边

a) 目标边 b) 工具边

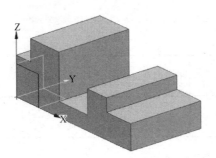

图5—2—27 "腔体"创建完成后效果

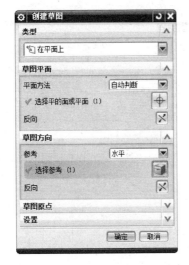

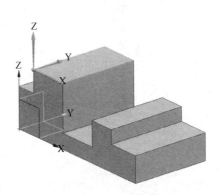

图5—2—28 "草图"放置面

（2）创建草图曲线，如图5—2—29所示。

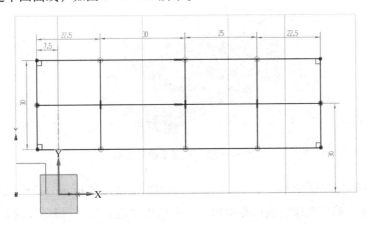

图5—2—29 草图曲线

（3）创建点，点选草图"点"按钮 ＋ ，在交点处创建点，如图5—2—30所示。

（4）隐藏草图曲线，只显示点，如图5—2—31所示，完成草图，如图5—2—32所示。

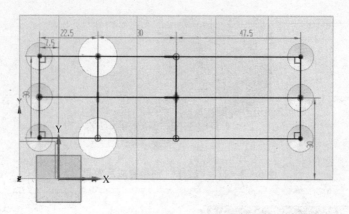

图 5—2—30　草图点

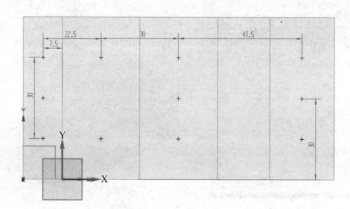

图 5—2—31　显示点位

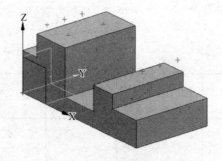

图 5—2—32　完成草图后效果

（5）点击投影曲线 按钮，选择 11 个点，如图 5—2—33 所示，投影到部件表面，如图 5—2—34 所示；确定孔位，最后在投影方向中选择"沿矢量"，指定矢量方向为"−ZC"，如图 5—2—35 所示，单击 确定 按钮。

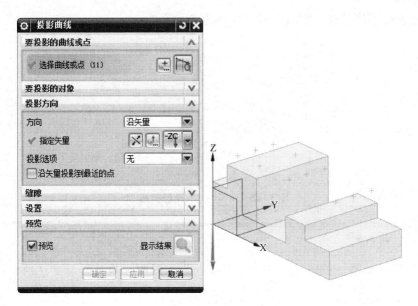

图 5—2—33　选择 11 个点

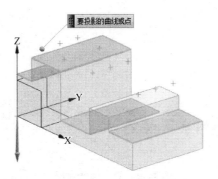

图 5—2—34　投影表面

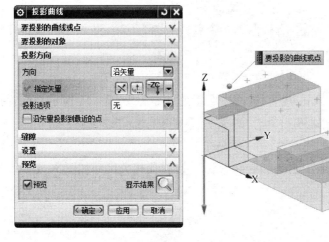

图 5—2—35　选择"－ZC"矢量

（6）投影点创建完成，如图 5—2—36 所示。

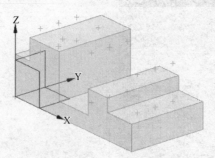

图 5—2—36 "点"投影完成

第七步 隐藏草图

点击"部件导航器"按钮，右击"草图"选项隐藏，如图 5—2—37 所示。

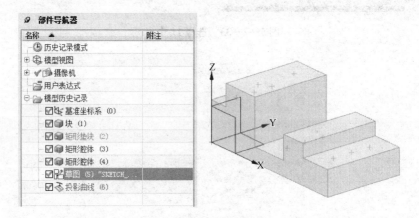

图 5—2—37 隐藏草图

第八步 创建孔

（1）单击"孔"按钮，选择两侧 6 个点，如图 5—2—38 所示，设置孔相关尺寸如图 5—2—39 所示，点击确定。

（2）完成 ϕ10 mm 孔，如图 5—2—40 所示。

（3）再次单击"孔"按钮，选择顶面 2 个点如图 5—2—41 所示，设置孔相关尺寸如图 5—2—42 所示，点击 应用 按钮。

（4）完成 ϕ15 mm 孔，如图 5—2—43 所示。

（5）选择中间面 3 个点如图 5—2—44 所示，设置孔相关尺寸如图 5—2—45 所示，点击 应用 按钮。

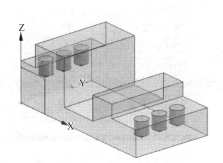

图 5—2—38 6 个孔位

图 5—2—39 "孔"对话框

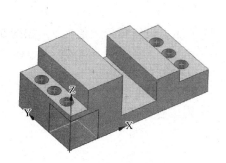

图 5—2—40 φ10 mm 孔

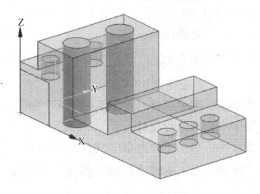

图 5—2—41 2 个孔位

图 5—2—42 "孔"对话框

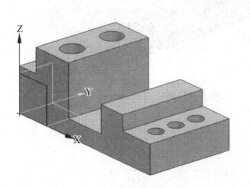

图 5—2—43 φ15 mm 孔

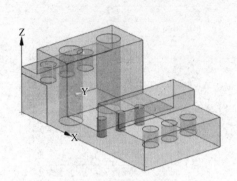

图 5—2—44   3 个孔位

图 5—2—45   "孔"对话框

（6）完成 φ6 mm 孔，如图 5—2—46 所示。

第九步   创建圆角

单击"圆角"按钮 ，选择三条边如图 5—2—47 所示，设置圆角数值为 5，如图 5—2—48 所示，点击确定。

第十步   完成部件，如图 5—2—49 所示。

第十一步   保存文件

方法一：单击下拉菜单"文件"→"保存"。

方法二：单击标准工具条"保存"按钮 。

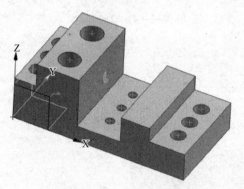

图 5—2—46   φ6 mm 孔

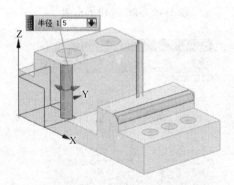

图 5—2—47   三条边

图 5—2—48 圆角半径

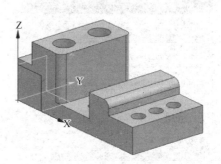

图 5—2—49 完成部件

三、加工步骤

第一步 打开零件文件进入加工环境

（1）选择"开始"→"所有程序"→"Siemens NX8.5"→"NX8.5"命令，进入 NX8.5 启动界面。

（2）在 NX8.5 启动界面中选择"文件"→"打开"命令，或单击工具栏中 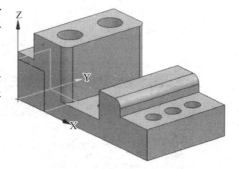 按钮，弹出"打开"对话框。

（3）在对话框中选择文件 D：\Modular5 \ pro-ject5 \mode5-2. prt，单击 确定 按钮打开文件，打开的零件如图 5—2—50 所示。

（4）选择"开始"→"加工"命令，弹出"加工环境"对话框，如图 5—2—51 所示。

（5）在"加工环境"对话框的"CAM 会话配置"列表框中选择"cam_ general"选项，"要创建

图 5—2—50 打开的零件

的 CAM 设置"选择"mill_ planar"，单击 确定 按钮，完成加工环境的初始化工作，进入加工模块。

第二步 设置几何体组

（1）在"导航器"工具条中单击 （几何视图）按钮，单击屏幕右侧的 （工序导航器）按钮，弹出"工序导航器-几何"对话框。

（2）双击操作导航器中的 MCS_MILL按钮，将弹出如图 5—2—52 所示的"MCS 铣削"对话框。

（3）在"MCS 铣削"对话框中单击"指定 MCS"后面的 按钮，弹出如图 5—2—53 所示的"CSYS"对话框。

（4）在图形区的坐标窗口中 Z 输入值为 45，移动加工坐标系原点到凸台上表面的中心处，如图 5—2—54 所示。

图 5—2—51 "加工环境"对话框

图 5—2—52 "MCS 铣削"对话框

图 5—2—53 "CSYS"对话框

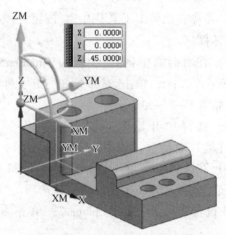

图 5—2—54 移动加工坐标系原点

（5）单击 [确定] 按钮，完成加工坐标系的设置，退出"CSYS"对话框，返回"MCS 铣削"对话框。

（6）在"MCS 铣削"对话框的"安全设置"面板的"安全设置选项"下拉列表框中选择"平面"选项，单击"指定平面"右侧的"平面对话框"按钮 ，弹出"平面"对话框，类型中选择"按某一距离"，如图 5—2—55 所示。

（7）在图形区选择零件的上顶面为参考平面，如图 5—2—56 所示。在"类型"下拉列表框中选择"按某一距离"选项，"偏置"面板的"距离"文本框中输入安全距离为 10 mm，单击 [确定] 按钮。

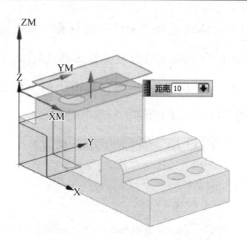

图 5—2—55 "平面"对话框 　　　图 5—2—56 选择的参考面

（8）返回"MCS 铣削"对话框，单击 确定 按钮完成加工坐标系及安全平面的设置。

（9）创建部件加工毛坯。在建模状态下，利用"抽取几何体"按钮 ，点选部件，抽取出同等部件，利用"删除面"指令删除部件上的孔，如图 5—2—57 所示。

（10）单击屏幕右侧的 （工序导航器）按钮，在下面"导航器"工具条中单击 （几何视图）按钮，打开"工序导航器-几何视图"对话框，单击操作工序导航器中的 MCS_MILL 左侧的加号，展开 MCS_MILL 节点。

（11）在"操作导航器-几何"窗口中双击"WORKPIECE"节点，弹出如图 5—2—58 所示的"工件"对话框。

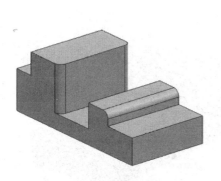

图 5—2—57 部件加工毛坯 　　　图 5—2—58 "工件"对话框

（12）单击"工件"对话框中"指定部件"右侧的 按钮，弹出"部件几何体"对话框，如图 5—2—59 所示。在图形区中选择夹具部件为部件，单击 确定 按钮，完成部件几何体的选择。

（13）系统返回"工件"对话框，单击  右侧的  按钮来查看指定的部件几何体，通过单击 按钮来修改或编辑部件几何体。

（14）单击"工件"对话框中"指定毛坯"右侧的 按钮，弹出"毛坯几何体"对话框，如图 5—2—60 所示。

图 5—2—59　"部件几何体"对话框　　　图 5—2—60　"毛坯几何体"对话框

（15）在"毛坯几何体"对话框的"类型"面板的下拉列表框中选择"几何体"选项，选择部件毛坯，如图 5—2—61 所示，单击 确定 按钮，完成毛坯几何体的创建。

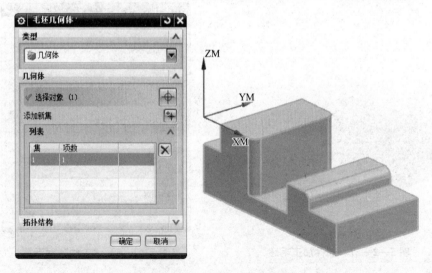

图 5—2—61　毛坯几何体设置

（16）返回"工件"对话框，通过单击 右侧的 按钮来查看指定的毛坯几何体，

通过单击 ⊕ 按钮来修改或编辑毛坯几何体。

第三步 创建刀具组

（1）创建中心钻刀具。在"导航器"工具条中单击"机床视图"按钮 ，将工序导航器切换到机床视图。单击"插入"工具条的 按钮，弹出"创建刀具"对话框，选择加工类型为"drill"，在"创建刀具"对话框的"刀具子类型"面板中单击"SPOTDRILLING_TOOL"按钮 ，在"名称"文本框中输入"SPOTDRILLING_ DW_ D8"，如图5—2—62所示，单击"确定"按钮。

在弹出的"钻刀"对话框中设置刀具参数，如图5—2—63所示，单击"确定"按钮。

（2）创建麻花钻刀具 φ6mm。在"导航器"工具条中单击"机床视图"按钮 ，将工序导航器切换到机床视图。单击"插入"工具条的 按钮，弹出"创建刀具"对话框，选择加工类型为"drill"，在"创建刀具"对话框的"刀具子类型"面板中单击"DRILLING_ TOLL"按钮 ，在"名称"文本框中输入"DRILLING_ T_ D6"，如图5—2—64所示，单击"确定"按钮。

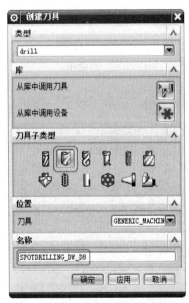

图5—2—62 "创建刀具"对话框

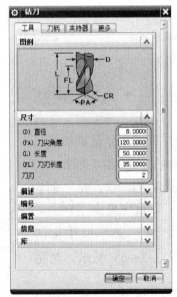

图5—2—63 "钻刀"对话框

图5—2—64 "创建
刀具"对话框

在弹出的"钻刀"对话框中设置刀具参数，如图5—2—65所示，单击"确定"按钮。

（3）创建麻花钻刀具 φ10mm。在"导航器"工具条中单击"机床视图"按钮 ，将工序导航器切换到机床视图。单击"插入"工具条的 按钮，弹出"创建刀具"对话框，选择加工类型为"drill"，在"创建刀具"对话框的"刀具子类型"面板中单击"DRILLING_ TOLL"按钮 ，在"名称"文本框中输入"DRILLING_ T_ D10"，如图5—2—66所示，单击"确定"按钮。

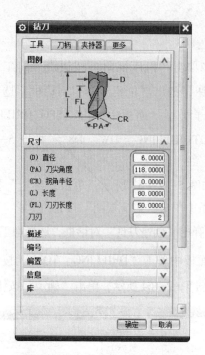

图 5—2—65 "钻刀"对话框

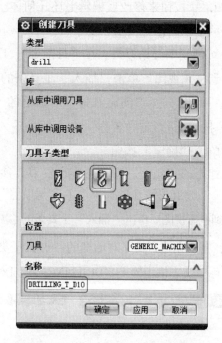

图 5—2—66 "创建刀具"对话框

在弹出的"钻刀"对话框中设置刀具参数，如图 5—2—67 所示，单击"确定"按钮。

（4）创建麻花钻刀具 φ15 mm。在"导航器"工具条中单击"机床视图"按钮，将工序导航器切换到机床视图。单击"插入"工具条的 按钮，弹出"创建刀具"对话框，选择加工类型为"drill"，在"创建刀具"对话框的"刀具子类型"面板中单击"DRILL-ING_ TOLL"按钮，在"名称"文本框中输入"DRILLING_ T_ D15"，如图 5—2—68 所示，单击"确定"按钮。

在弹出的"钻刀"对话框中设置刀具参数，如图 5—2—69 所示，单击"确定"按钮。

第四步　创建加工程序组

（1）在"刀片"工具条中单击"创建程序"按钮，弹出"创建程序"对话框，如图 5—2—70 所示。在该对话框中选择"类型"下拉表框中的"drill"选项，在"名称"文本框中输入"PROGRAM_ DRILL"。

（2）单击"确定"按钮，弹出"程序"对话框。如图 5—2—71 所示。单击"确定"按钮，完成"钻孔"程序的创建。

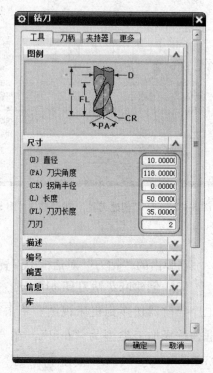

图 5—2—67 "钻刀"对话框

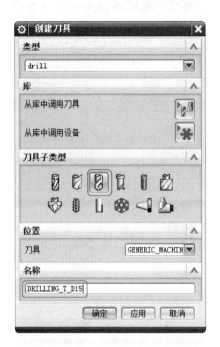

图 5—2—68 "创建刀具"对话框

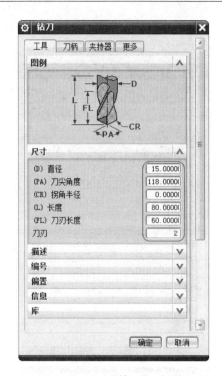

图 5—2—69 "钻刀"对话框

图 5—2—70 "创建程序"对话框

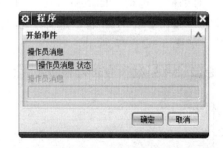

图 5—2—71 "程序"对话框

第五步 创建中心孔加工工序

（1）创建钻孔加工工序。在"刀片"工具条中单击"创建工序"按钮 🔧，弹出"创建工序"对话框，在"类型"下拉列表框中选择"drill"选项，在"工序子类型"选项组中单击"钻孔"按钮 ∀，在"程序"下拉列表框中选择"PROGRAM_ DRILL"选项，在"刀具"下拉列表框中选择"SPOTDRILLING_ DW_ D8"选项，在"几何体"下拉列表框中选择"WORK-PIECE"选项，在"方法"下拉列表框中选择"DRILL_ METHOD"选项，输入名称"DW"，如图 5—2—72 所示，单击"确定"按钮，弹出如图 5—2—73 所示的"定心钻"对话框。

图 5—2—72　"创建工序"对话框

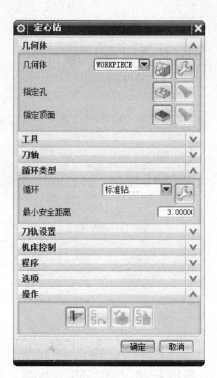

图 5—2—73　"定心钻"对话框

（2）指定加工的孔。在弹出的"钻"对话框中单击"指定孔"按钮 ，弹出"点到点几何体"对话框，如图 5—2—74 所示。单击"选择"按钮，弹出如图 5—2—75 所示的"选择"对话框，选择"面上所有孔"。在图形区选择如图 5—2—76 所示的面，然后依次单击"确定"按钮。在对话框中选择"优化"→"最短刀路"→"优化"→"接受"→"确定"，如图 5—2—77 所示。

图 5—2—74　"点到点几何体"对话框

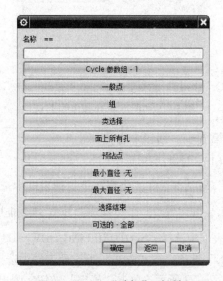

图 5—2—75　"选择"对话框

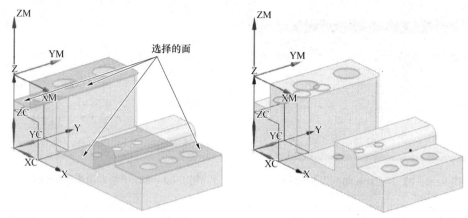

图5—2—76 所有孔的面

（3）设置钻孔加工循环类型。在"定心钻"对话框的"循环类型"选项卡中单击"循环"后的"编辑"按钮，弹出如图5—2—78所示的"指定参数组"对话框；单击"确定"按钮，弹出如图5—2—79所示的"Cycle参数"对话框；单击"Depth -模型深度"按钮，弹出如图5—2—80所示的"Cycle深度"对话框；单击"刀尖深度"按钮，输入数值为2.5，如图5—2—81所示，然后单击"确定"按钮。在"最小安全距离"文本框中输入值1.5，如图5—2—82所示。

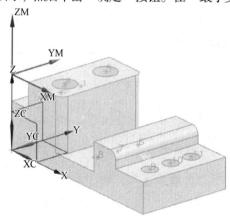

图5—2—77 优化最短刀路

图5—2—78 "指定参数组"对话框

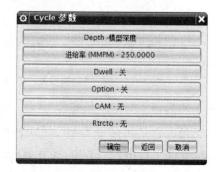

图5—2—79 "Cycle参数"对话框

图5—2—80 "Cycle深度"对话框

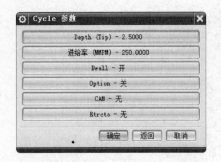

图 5—2—81 "Cycle 参数" 对话框

图 5—2—82 "循环类型" 对话框

（4）设置避让孔位，点选"选择或编辑孔几何体"按钮 ⬛，选择"避让"指令，如图 5—2—83 所示。选择避让孔位如图 5—2—84 所示，点选"安全平面"按钮，点选"确定"→"确定"。

图 5—2—83 "点到点几何体" 对话框

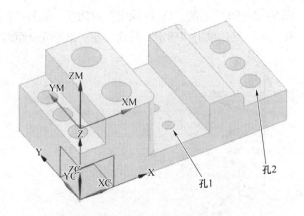

图 5—2—84 避让孔位

（5）设置刀轨加工参数，点选"进给率和速度"按钮 ⬛，如图 5—2—85 所示。填写主轴转数 700，切削速度 100，如图 5—2—86 所示。

（6）生成刀具轨迹。在"钻"对话框中单击"生成刀轨"按钮 ⬛，生成的刀具轨迹如图 5—2—87 所示，单击"确定"按钮。

图 5—2—85 "刀轨设置" 对话框

（7）创建钻孔加工工序。在"刀片"工具条中单击"创建工序"按钮 ⬛，弹出"创建工序"对话框，在"类型"下拉列表框中选择"drill"选项，在"工序子类型"选项组中单击"钻孔"按钮 ⬛，在"程序"下拉列表框中选择"PROGRAM_ DRILL"选项，在"刀具"下拉列表框中选择"DRILLING_ T_ D15"选项，在"几何体"下拉列表框中选择"WORKPIECE"选项，在"方法"下拉列表框中选择"DRILL_ METHOD"选项，输入名称"DRILLING_ D15"，如图5—2—88所示，单击"确定"按钮，弹出如图5—2—89所示的"钻"对话框。

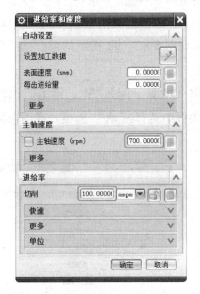

图5—2—86 "进给率和速度"对话框

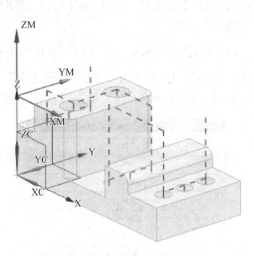

图5—2—87 生成刀具轨迹

图5—2—88 "创建工序"对话框

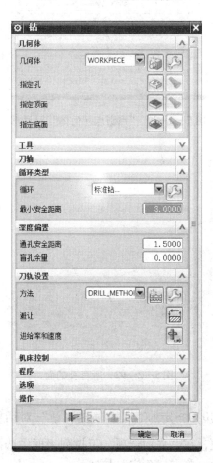

图5—2—89 "钻"对话框

（8）指定加工的孔。在弹出的"钻"对话框中单击"指定孔"按钮 ，弹出"点到点几何体"对话框，如图 5—2—90 所示。单击"选择"按钮，弹出如图 5—2—91 所示的"选择"对话框，选择"面上所有孔"。在图形区选择如图 5—2—92 所示的面，然后依次单击"确定"按钮。

（9）指定加工顶面。在"钻"对话框中单击"指定顶面"按钮，弹出"顶面"对话框，如图 5—2—93 所示，在"顶面选项"下拉列表框中选择"面"选项。在图形区选择如图 5—2—94 所示的表面，单击"确定"按钮。

图 5—2—90 "点到点几何体"对话框

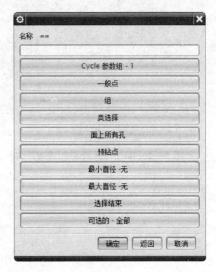

图 5—2—91 "选择"对话框

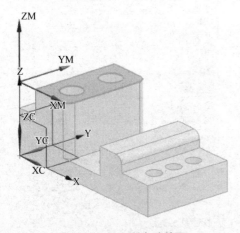

图 5—2—92 所有孔的面

图 5—2—93 "顶面"对话框

（10）指定加工底面。在"钻"对话框中单击"指定底面"按钮，弹出"底面"对话框，在"底面选项"下拉列表框中选择"面"选项。在图形区选择如图 5—2—95 所示的表面，单击"确定"按钮。

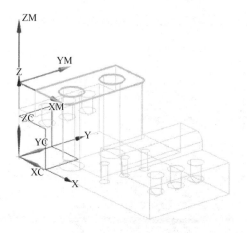

图 5—2—94　选择顶面

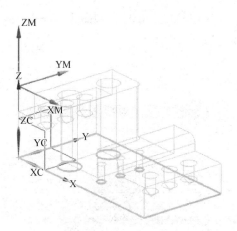

图 5—2—95　选择底面

（11）设置钻孔加工循环类型。在"钻"对话框的"循环类型"选项卡中单击"循环"后的"编辑"按钮，弹出如图 5—2—96 所示的"指定参数组"对话框；单击"确定"按钮，弹出如图 5—2—97 所示的"Cycle 参数"对话框；单击"Depth -模型深度"按钮，弹出如图 5—2—98 所示的"Cycle 深度"对话框；单击"穿过底面"按钮，然后单击"确定"按钮。在"最小安全距离"文本框中输入值1.5。

图 5—2—96　"指定参数组"对话框

图 5—2—97　"Cycle 参数"对话框

（12）设置钻孔加工主要参数。在"钻"对话框的"深度偏置"选项卡中的"通孔安全距离"文本框中输入值1.5，"盲孔余量"文本框中输入值0，其他参数采用默认值。

（13）生成刀具轨迹。在"钻"对话框中单击"生成刀轨"按钮，生成的刀具轨迹如图 5—2—99 所示，单击"确定"按钮。

（14）创建钻孔加工工序。在"刀片"工具条中单击"创建工序"按钮，弹出"创建工序"对话框，在"类型"下拉列表框中选择"drill"选项，在"工序子类型"选项组中单击"钻孔"按钮，在"程序"下拉列表框中选择"PROGRAM_ DRILL"选项，在"刀具"下拉列表框中选择"DRILLING_ T_ D10"选项，在"几何体"下拉列表框中选择"WORKPIECE"选项，在"方法"下拉列表框中选择"DRILL_ METHOD"选项，输入名称"DRILLING_ D10",如图5—2—100所示,单击"确定"按钮,弹出如图5—2—101所示的"钻"对话框。

图5—2—98 "Cycle 深度"对话框

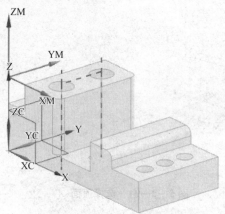

图5—2—99 生成刀具轨迹

图5—2—100 "创建工序"对话框

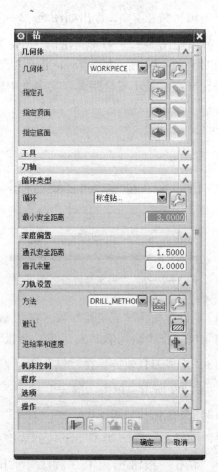

图5—2—101 "钻"对话框

（15）指定加工的孔。在弹出的"钻"对话框中单击"指定孔"按钮 ，弹出"点到点几何体"对话框，如图5—2—102所示。单击"选择"按钮，弹出如图5—2—103所示的"选择"对话框，选择"面上所有孔"。在图形区选择如图5—2—104所示的面，然后依次单击"确定"按钮。

（16）设置钻孔加工循环类型。在"钻"对话框的"循环类型"选项卡中单击"循环"后的"编辑" 按钮，弹出如图5—2—105所示的"指定参数组"对话框；单击"确定"按钮，弹出如图5—2—106所示的"Cycle参数"对话框；单击"Depth -模型深度"按钮，弹出如图5—2—107所示的"Cycle深度"对话框；单击"穿过底面"按钮，然后单击"确定"按钮。在"最小安全距离"文本框中输入值1.5。

图5—2—102 "点到点几何体"对话框

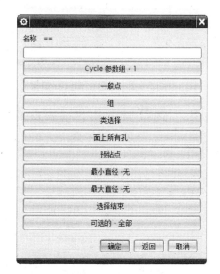

图5—2—103 "选择"对话框

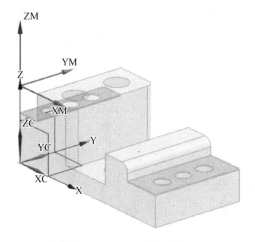

图5—2—104 所有孔的面

图5—2—105 "指定参数组"对话框

（17）设置钻孔加工主要参数。在"钻"对话框的"深度偏置"选项卡中的"通孔安全距离"文本框中输入值 1.5，"盲孔余量"文本框中输入值 0，其他参数采用默认值。

（18）设置避让孔位，点选"选择或编辑孔几何体"按钮 ，选择"避让"指令如图 5—2—108 所示。选择避让孔位如图 5—2—109 所示，点选"安全平面"按钮，点选"确定"→"确定"。

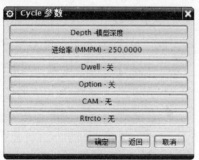

图 5—2—106 "Cycle 参数"对话框

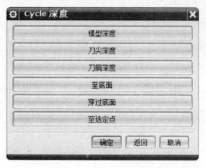

图 5—2—107 "Cycle 深度"对话框

图 5—2—108 "点到点几何体"对话框

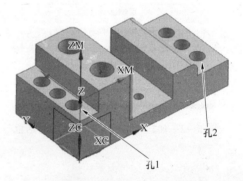

图 5—2—109 避让孔位

（19）生成刀具轨迹。在"钻"对话框中单击"生成刀轨"按钮 ，生成的刀具轨迹如图 5—2—110 所示，单击"确定"按钮。

（20）创建钻孔加工工序。在"刀片"工具条中单击"创建工序"按钮 ，弹出"创建工序"对话框，在"类型"下拉列表框中选择"drill"选项，在"工序子类型"选项组中单击"钻孔"按钮 ，在"程序"下拉列表框中选择"PROGRAM_DRILL"选项，在"刀具"下拉列表框中选择"DRILLING_ T_ D6"选项，在"几何体"下拉列

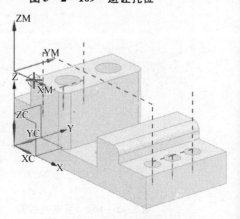

图 5—2—110 生成刀具轨迹

表框中选择"WORKPIECE"选项，在"方法"下拉列表框中选择"DRILL_METHOD"选项，输入名称"DRILLING_D6"，如图5—2—111所示，单击"确定"按钮，弹出如图5—2—112所示的"钻"对话框。

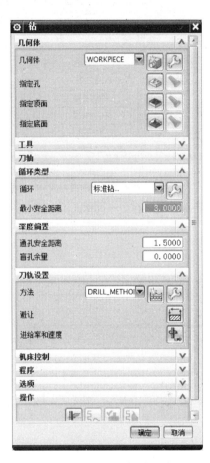

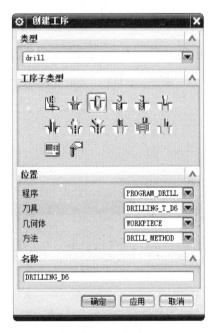

图5—2—111 "创建工序"对话框　　　　图5—2—112 "钻"对话框

（21）指定加工的孔。在弹出的"钻"对话框中单击"指定孔"按钮 ，弹出"点到点几何体"对话框，如图5—2—113所示。单击"选择"按钮，弹出如图5—2—114所示的"选择"对话框，选择"面上所有孔"。在图形区选择如图5—2—115所示的面，然后依次单击"确定"按钮。

（22）指定加工顶面。在"钻"对话框中单击"指定顶面"按钮 ，弹出"顶面"对话框，如图5—2—116所示，在"顶面选项"下拉列表框中选择"面"选项。在图形区选择如图5—2—117所示的表面，单击"确定"按钮。

（23）指定加工底面。在"钻"对话框中单击"指定底面"按钮 ，弹出"底面"对话框，在"底面选项"下拉列表框中选择"面"选项。在图形区选择如图5—2—118所示的表面，单击"确定"按钮。

图 5—2—113 "点到点几何体"对话框

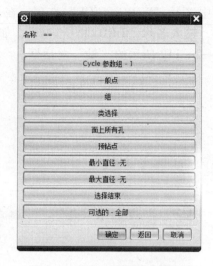

图 5—2—114 "选择"对话框

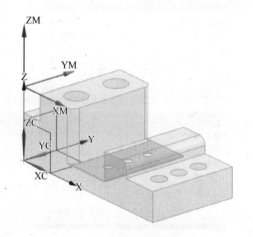

图 5—2—115 所有孔的面

图 5—2—116 "顶面"对话框

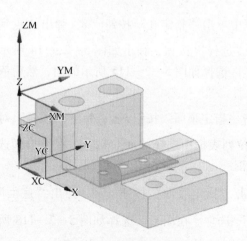

图 5—2—117 选择顶面

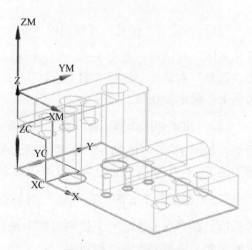

图 5—2—118 选择底面

（24）设置钻孔加工循环类型。在"钻"对话框的"循环类型"选项卡中单击"循环"后的"编辑"按钮 🔧，弹出如图5—2—119所示的"指定参数组"对话框；单击"确定"按钮，弹出如图5—2—120所示的"Cycle参数"对话框；单击"Depth -模型深度"按钮，弹出如图5—2—121所示的"Cycle深度"对话框；单击"穿过底面"按钮，然后单击"确定"按钮。在"最小安全距离"文本框中输入值1.5。

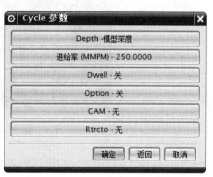

图5—2—119 "指定参数组"对话框　　　　图5—2—120 "Cycle参数"对话框

（25）设置钻孔加工主要参数。在"钻"对话框的"深度偏置"选项卡中的"通孔安全距离"文本框中输入值1.5，"盲孔余量"文本框中输入值0，其他参数采用默认值。

（26）生成刀具轨迹。在"钻"对话框中单击"生成刀轨"按钮 ▐，生成的刀具轨迹如图5—2—122所示，单击"确定"按钮。

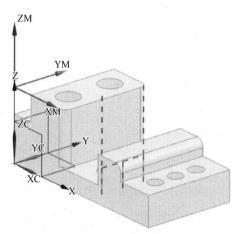

图5—2—121 "Cycle深度"对话框　　　　图5—2—122 生成刀具轨迹

（27）钻孔加工工序仿真。在"钻"对话框中单击"确认刀轨"按钮 ▥，弹出"可视化刀轨轨迹"对话框，选择"2D动态"选项卡，单击"播放"按钮 ▶，进入加工仿真环境，仿真结果如图5—2—123所示，然后依次单击"确定"按钮，完成钻孔工序的创建。

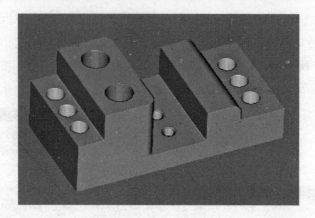

图 5—2—123　仿真效果

模块六

多轴加工

项目一　叶轮模型的加工

项目目标

1. 了解叶片加工功能选用。

2. 能够创建工件几何体。

3. 掌握叶片专用指令使用。

项目描述

叶轮在一些机械零件中有广泛的应用，在加工中的叶片功能专门完成该零件，本项目对叶片的全面指令进行介绍。

项目分析

本项目对数控加工知识进行拓展，在叶轮的编程加工中学习刀具选择参数设置，设置合理的加工方式。

项目知识与技能

一、项目模型

叶轮模型如图 6—1—1 所示。

二、加工步骤

第一步　打开零件文件进入加工环境

（1）选择"开始"→"所有程序"→"Siemens NX8.5"→"NX8.5"命令，进入 NX8.5 启动界面。

（2）在 NX8.5 启动界面中选择"文件"→

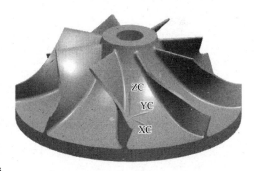

图 6—1—1　叶轮模型

"打开"命令，或单击工具栏中 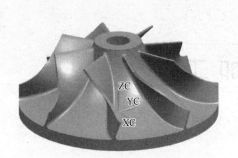 按钮，弹出"打开"对话框。

（3）在对话框中选择文件 D：\ Modular6 \ project1 \ mode6-1. prt，单击 确定 按钮打开文件，打开的零件如图 6—1—2 所示。

（4）选择"开始"→"加工"命令，弹出"加工环境"对话框，如图 6—1—3 所示。

图 6—1—2　打开的零件

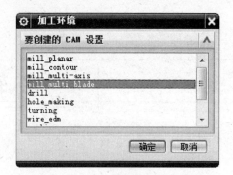

图 6—1—3　"加工环境"对话框

（5）在"加工环境"对话框的"要创建的 CAM 设置"列表框中选择"mill_ multi_ blade"选项，单击 确定 按钮，完成加工环境的初始化工作，进入加工模块。

第二步　设置几何体组

（1）在"导航器"工具条中单击 （几何视图）按钮，单击屏幕右侧的 （工序导航器）按钮，弹出"工序导航器-几何"对话框。

（2）在创建工具条选择"创建几何体" 按钮，在几何体子类型中选择"MCS"坐标系，名称为 MCS，点击确定如图 6—1—4 所示。

图 6—1—4　"创建几何体"对话框

（3）创建完成的几何体，"工序导航器"对话框如图 6—1—5 所示。

（4）设置部件几何体。

在"工序导航器-几何"视图中，双击 WORKPIECE 节点，弹出如图6—1—6所示的"工件"对话框，单击"部件几何体" 按钮，弹出如图6—1—7所示的"部件几何体"对话框，在绘图区选择整个模型为部件几何体，单击"确定"按钮，完成部件几何体的创建。

图6—1—5 "工序导航器"对话框

图6—1—6 "工件"对话框

（5）设置多叶片几何体。

在"工序导航器-几何"视图中，双击 MULTI_BLADE_GEOM 节点，弹出如图6—1—8所示的"多叶片几何体"对话框，单击"指定轮毂"按钮，弹出如图6—1—9所示的"轮毂几何体"对话框，在绘图区选择叶盘底面为轮毂，如图6—1—10所示，单击"确定"按钮，完成轮毂的创建。

图6—1—7 "部件几何体"对话框

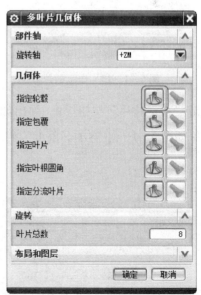

图6—1—8 "多叶片几何体"对话框

图6—1—9 "轮毂几何体"对话框

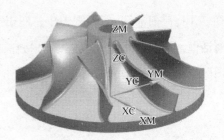

图6—1—10 选择底面

单击"指定包覆"按钮 ，弹出如图6—1—11 所示的"包覆几何体"对话框，选择"显示"按钮 ，选择片体对象如图6—1—12 所示，得到如图6—1—13 所示图形，选择在绘图区刚显示的片体为包覆如图6—1—14 所示，单击"确定"按钮，完成包覆的创建。

图6—1—11 "包覆几何体"对话框

图6—1—12 选择片体对象

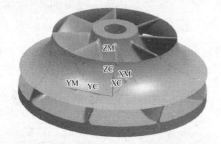

图6—1—13 显示的片体

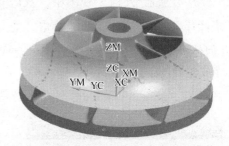

图6—1—14 选择的包覆

单击"指定叶片"按钮 ，弹出如图6—1—15 所示的"叶片几何体"对话框，选择叶片对象如图6—1—16 所示，单击"确定"按钮，完成叶片的创建。

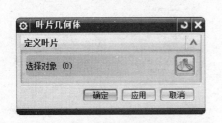

图6—1—15 "叶片几何体"对话框

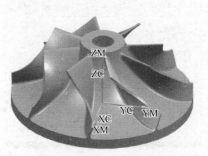

图6—1—16 叶片对象

单击"指定叶根圆角"按钮 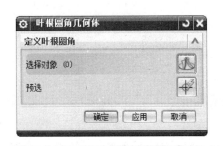，弹出如图6—1—17所示的"叶根圆角几何体"对话框，选择叶根圆角如图6—1—18所示，单击"确定"按钮，完成叶片的创建。

图6—1—17 "叶根圆角几何体"对话框

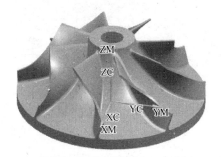

图6—1—18 叶根圆角对象

设置旋转叶片总数为8，如图6—1—19所示。确定完成多叶片几何体。

第三步 创建刀具组

创建球头刀具。在"导航器"工具条中单击"机床视图"按钮，将工序导航器切换到机床视图。单击"插入"工具条的 按钮，弹出"创建刀具"对话框，选择加工类型为"mill_ multi_ blade"，在"创建刀具"对话框的"刀具子类型"面板中单击"MILL" 按钮，在"名称"文本框中输入"MILL_ D10R5"，如图6—1—20所示，单击"确定"按钮，设置刀具相关参数以及显示刀柄如图6—1—21所示，同时检测刀具设计是否合理如图6—1—22所示。

图6—1—19 叶根圆角对象

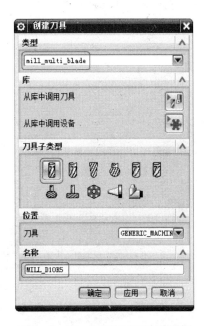

图6—1—20 "创建刀具"对话框

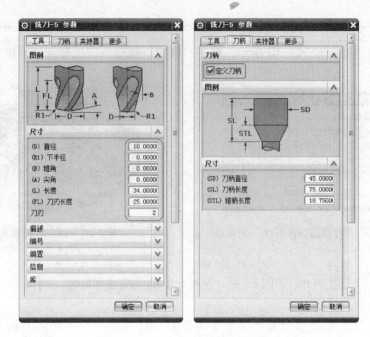

图 6—1—21 "铣刀参数"对话框

单击"插入"工具条的 按钮，弹出"创建刀具"对话框，选择加工类型为"mill_ multi_ blade"，在"创建刀具"对话框的"刀具子类型"面板中单击"MILL" 按钮，在 "名称"文本框中输入"MILL_ D4R2"，如图 6—1—23 所示，单击"确定"按钮，设置刀具 相关参数以及显示刀柄如图 6—1—24 所示，同时检测刀具设计是否合理如图 6—1—25 所示。

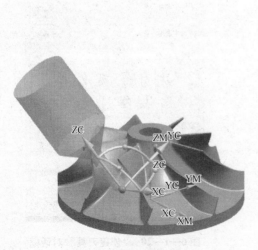

图 6—1—22 检测刀具

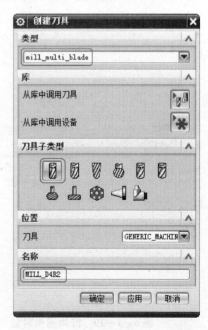

图 6—1—23 "创建刀具"对话框

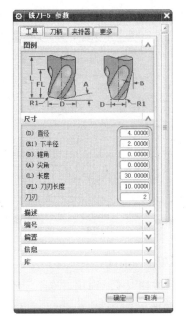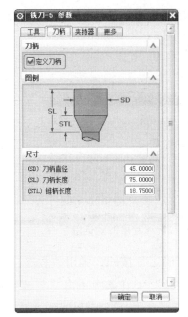

图6—1—24 "铣刀参数"对话框

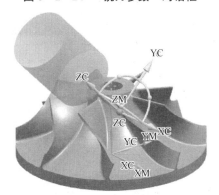

图6—1—25 检测刀具

第四步 创建加工程序组

(1) 在"刀片"工具条中单击"创建程序"按钮 🖼️，弹出"创建程序"对话框，如图6—1—26所示。在该对话框中选择"类型"下拉表框中的"mill_multi_blade"选项，在"名称"文本框中输入"PROGRAM_BLADE_CU"。

(2) 单击"确定"按钮，弹出"程序"对话框。如图6—1—27所示。

(3) 在"刀片"工具条中单击"创建程序"按钮 🖼️，弹出"创建程序"对话框，如图6—1—28所示。在该对话框中选择"类型"下拉表框中的"mill_multi_

图6—1—26 "创建程序"对话框

blade" 选项,在"名称"文本框中输入"PROGRAM_ BLADE_ JING"。

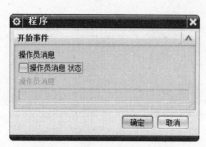

图6—1—27 "程序"对话框

图6—1—28 "创建程序"对话框

(4)单击"确定"按钮,弹出"程序"对话框。如图6—1—29所示。

(5)在"刀片"工具条中单击"创建程序"按钮 ,弹出"创建程序"对话框,如图6—1—30所示。在该对话框中选择"类型"下拉表框中的"mill_ multi_ blade"选项,在"名称"文本框中输入"PROGRAM_ BLADE_ QJ"。

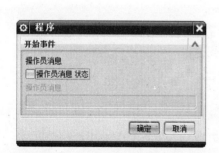

图6—1—29 "程序"对话框

图6—1—30 "创建程序"对话框

(6)单击"确定"按钮,弹出"程序"对话框。如图6—1—31所示。

第五步 创建多叶片加工工序

(1)创建多叶片加工工序。在"刀片"工具条中单击"创建工序"按钮 ,弹出"创建工序"对话框,在"类型"下拉列表框中选择"mill_ multi_ blade"选项,在"工序子类型"选项组中单击"多叶片粗加工"按钮 ,在"程序"下拉列表框中选择"MULTI_ BLADE_ CU"选项,在"刀具"下拉列表框中选择"MILL_ D10R5"选项,在"几何体"下拉列表框中选择"MULTI_ BLADE_ GEOM"选项,在"方法"下拉列表框中选择

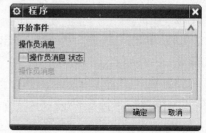

图6—1—31 "程序"对话框

"METHOD"选项，输入名称"MULTI_ BLADE_ ROUGH"，如图6—1—32所示，单击"确定"按钮，弹出如图6—1—33所示的"多叶片粗加工"对话框。

图6—1—32 "创建工序"对话框

图6—1—33 "多叶片粗加工"对话框

（2）指定驱动方法。在"驱动方法"对话框中单击"叶片粗加工"按钮🔧，弹出"叶片粗加工驱动方法"对话框，如图6—1—34所示。在"前缘"对话框中将叶片边缘点设置为"沿叶片方向"，在"起始位置与方向"对话框中单击"指定起始位置"按钮，指定起始位置，如图6—1—35所示，点击"确定"完成叶片粗加工驱动方法。

图6—1—34 "创建工序"对话框

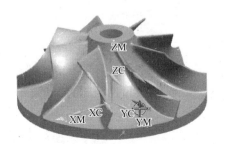

图6—1—35 指定起始位置

（3）在"刀轨设置"对话框中单击"切削层"按钮 ，弹出"切削层"对话框，在"深度模式"中选择从"包覆插补至轮毂"，如图 6—1—36 所示。在"切削参数"对话框中默认切削参数，如图 6—1—37 所示。在"非切削移动"对话框中"转移/快速"的"安全设置选项"下选择"圆柱"，指定点为零点，设置"指定矢量"为"ZC"，半径为"80"；在光顺选项中将选项设置为"开"，点击"确定"，如图 6—1—38 所示。

图 6—1—36　"切削层"对话框

图 6—1—37　"切削参数"对话框

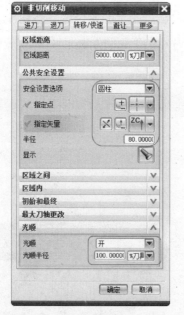

图 6—1—38　"非切削移动"对话框

（4）生成刀具轨迹。在"多叶片粗加工"
对话框中单击"生成刀轨"按钮 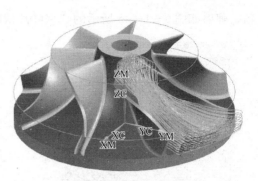，生成的刀
具轨迹如图6—1—39所示，单击"确定"按钮。

（5）对刀具轨迹进行变换。右键点击程序
选择"对象"→"变换"，如图6—1—40所示，
弹出"变换"对话框。在类型中选择"绕直线
旋转"，同时设置变化参数，直线方法为"点和
矢量"，在点中设置为"叶轮中心点"，指定矢
量为"+ZC"，角度为"45"，结果类型为"复
制"，非关联副本数为"7"，设置完成如图6—1—41所示，"工序导航器"显示为如图6—
1—42所示，确定完成后如图6—1—43所示。

图6—1—39　生成刀轨

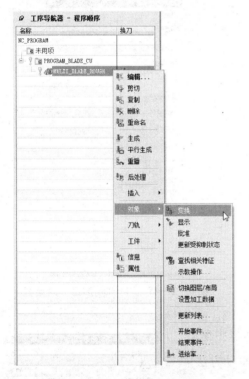

图6—1—40　"对象"选项图

图6—1—41　"变换"对话框

（6）创建多叶片加工工序。在"刀片"工具条中单击"创建工序"按钮 ，弹出
"创建工序"对话框，在"类型"下拉列表框中选择"mill_ multi_ blade"选项，在"工序
子类型"选项组中单击"叶片精加工"按钮 ，在"程序"下拉列表框中选择"MULTI_
BLADE_ JING"选项，在"刀具"下拉列表框中选择"MILL_ D4R2"选项，在"几何体"
下拉列表框中选择"MULTI_ BLADE_ GEOM"选项，在"方法"下拉列表框中选择
"METHOD"选项，输入名称"BLADE_ FINISH"，如图6—1—44所示，单击"确定"按

钮，弹出如图 6—1—45 所示的"多叶片精加工"对话框。

图 6—1—42　工序导航器

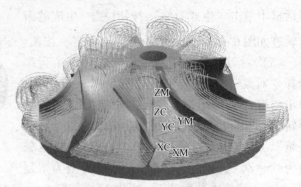

图6—1—43　"变换"刀轨

图 6—1—44　"创建工序"对话框

图 6—1—45　"叶片精加工"对话框

（7）指定驱动方法。在"驱动方法"对话框中单击"叶片精加工"按钮，弹出"叶片精加工驱动方法"对话框，如图 6—1—46 所示。

（8）在"刀轨设置"对话框中单击"切削层"按钮，弹出"切削层"对话框，在"深度模式"中选择从"包覆插补至轮毂"，将"距离"设置为"1 mm"，如图 6—1—47 所示。在"切削参数"对话框中默认切削参数，如图 6—1—48 所示。在"非切削移动"对话框中，"转移/快速"的"安全设置选项"下选择

图 6—1—46　"叶片精加工驱
动方法"对话框

"圆柱",指定点为零点,"指定矢量"为"ZC",半径为"80";在光顺选项中将选项设置为"关",点击"确定"如图6—1—49所示。

图6—1—47 "切削层"对话框　　　　　图6—1—48 "切削参数"对话框

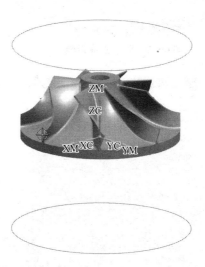

图6—1—49 "非切削移动"对话框

(9)生成刀具轨迹。在"叶片精加工"对话框中单击"生成刀轨"按钮 ，生成的刀具轨迹如图6—1—50所示,单击"确定"按钮。

(10)对刀具轨迹进行变换。右键点击程序选择"对象"→"变换",如图6—1—51所示,弹出"变换"对话框。在类型中选择"绕直线旋转",同时设置变化参数,直线方法为"点和矢量",指定点为"叶轮中心点",指定矢量为"+ZC",角度为"45",结果类型为

"复制",非关联副本数为"7",设置完成如图6—1—52 所示,"工序导航器"显示为如图6—1—53 所示,确定完成后如图6—1—54 所示。

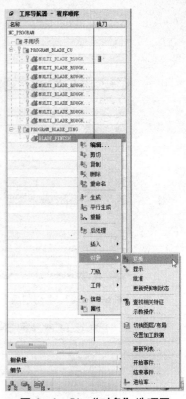

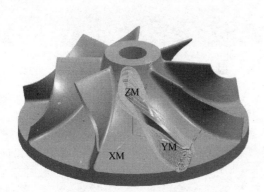

图 6—1—50　生成刀轨

图 6—1—51　"对象"选项图

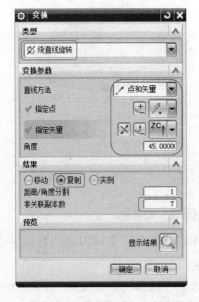

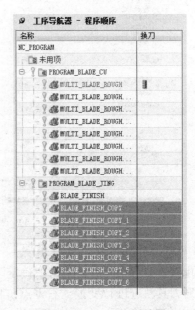

图 6—1—52　"变换"对话框

图 6—1—53　工序导航器

（11）创建多叶片加工工序。在"刀片"工具条中单击"创建工序"按钮 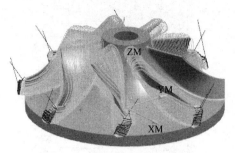，弹出
"创建工序"对话框，在"类型"下拉列表框中选
择"mill_ multi_ blade"选项，在"工序子类型"
选项组中单击"轮毂精加工"按钮 ，在"程
序"下拉列表框中选择"MULTI_ BLADE_ JING"
选项，在"刀具"下拉列表框中选择"MILL_
D10R5"选项，在"几何体"下拉列表框中选择
"MULTI_ BLADE_ GEOM"选项，在"方法"下
拉列表框中选择"METHOD"选项，输入名称
"BLADE_ FINISH"，如图6—1—55所示，单击"确定"按钮，弹出如图6—1—56所示的
"轮毂精加工"对话框。

图6—1—54 "变换"刀轨

图6—1—55 "创建工序"对话框

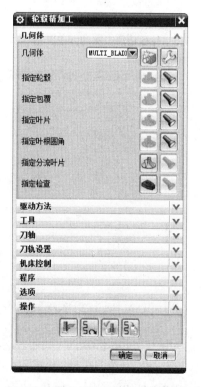

图6—1—56 "轮毂精加工"对话框

（12）指定驱动方法。在"驱动方法"对话框中单击"轮毂精加工"按钮 ，弹出
"轮毂精加工驱动方法"对话框，如图6—1—57所示。

（13）在"切削参数" 对话框中默认切削参数，如图6—1—58所示。在"非切削移动"
对话框中，"转移/快速"的"安全设置选项"下选择"圆柱"，指定点为零点，"指定矢量"
为"+ZC"，半径为"80"；在光顺选项中将选项设置为"开"点击"确定"，如图6—1—59所示。

图 6—1—57 "轮毂精加工驱动方法"对话框

图 6—1—58 "切削参数"对话框

图 6—1—59 "非切削移动"对话框

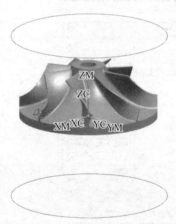

（14）生成刀具轨迹。在"轮毂精加工"对话框中单击"生成刀轨"按钮 ，生成的刀具轨迹如图 6—1—60 所示，单击"确定"按钮。

（15）对刀具轨迹进行变换。右键点击程序选择"对象"→"变换"，如图 6—1—61 所示，弹出"变换"对话框。在类型中选择"绕直线旋转"，同时设置变化参数，直线方法为"点和矢量"，指定点为"叶轮中心点"，矢量

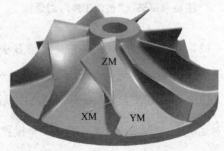

图 6—1—60 生成刀轨

为"+ZC",角度为"45",结果类型为"复制",非关联副本数为"7",设置完成如图6—1—62所示,"工序导航器"显示为如图6—1—63所示,确定完成后如图6—1—64所示。

图6—1—61 "对象"选项图

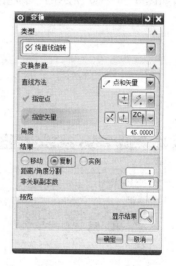

图6—1—62 "变换"对话框

图6—1—63 工序导航器

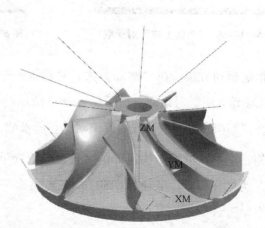

图6—1—64 "变换"刀轨

(16）创建多叶片加工工序。在"刀片"工具条中单击"创建工序"按钮，弹出"创建工序"对话框，在"类型"下拉列表框中选择"mill_ multi_ blade"选项，在"工序子类型"选项组中单击"圆角精加工"按钮，在"程序"下拉列表框中选择"MULTI_ BLADE_ QJ"选项，在"刀具"下拉列表框中选择"MILL_ D4R2"选项，在"几何体"下拉列表框中选择"MULTI_ BLADE_ GEOM"选项，在"方法"下拉列表框中选择"METHOD"选项，输入名称"BLEND_ FINISH"，如图 6—1—65 所示，单击"确定"按钮，弹出如图 6—1—66 所示的"圆角精加工"对话框。

图 6—1—65 "创建工序"对话框

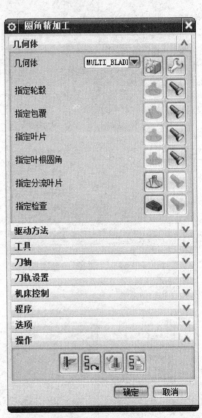

图 6—1—66 "圆角精加工"对话框

(17）指定驱动方法。在"驱动方法"对话框中单击"圆角精加工"按钮，弹出"圆角精加工驱动方法"对话框，如图 6—1—67 所示。

(18）在"切削参数"对话框中默认切削参数，如图 6—1—68 所示。在"非切削移动"对话框中，"转移/快速"的"安全设置选项"下选择"圆柱"，指定点为零点，"指定矢量"为"+ZC"，半径为"80"，在光顺选项中将选项设置为"开"，点击"确定"，如图 6—1—69 所示。

图 6—1—67 "圆角精加工驱
动方法"对话框

图 6—1—68 "切削参数"对话框

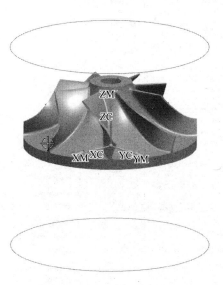

图 6—1—69 "非切削移动"对话框

（19）生成刀具轨迹。在"圆角精加工"对话框中单击"生成刀轨"按钮 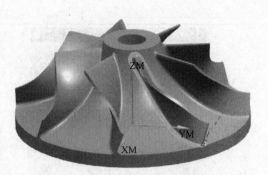，生成的刀具轨迹如图 6—1—70 所示，单击"确定"按钮。

（20）对刀具轨迹进行变换。右键点击程序选择"对象"→"变换"，如图 6—1—71 所示，弹出"变换"对话框。在类型中选择"绕直线旋转"，同时设置变化参数，直线方法为"点和矢量"，指定点为"叶轮中心点"，矢量

图 6—1—70　生成刀轨

为"+ZC"，角度为"45"，结果类型为"复制"，非关联副本数为"7"，设置完成如图 6—1—72 所示，"工序导航器"显示为如图 6—1—73 所示，确定完成后如图 6—1—74 所示。

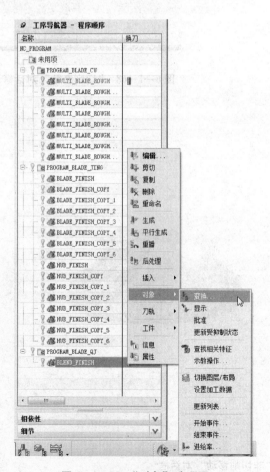

图 6—1—71　"对象"选项图

图 6—1—72　"变换"对话框

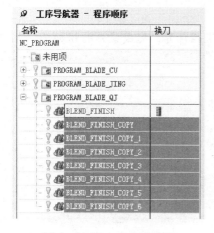

图6—1—73 工序导航器

图6—1—74 "变换"刀轨

（21）叶轮加工工序仿真。在对话框中单击"确认刀轨"按钮 ，弹出"可视化刀轨轨迹"对话框，选择"2D动态"选项卡，单击"播放"按钮 ，进入加工仿真环境，仿真结果如图6—1—75所示，然后依次单击"确定"按钮，完成叶轮工序的创建。

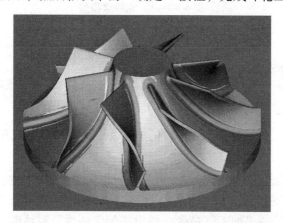

图6—1—75 仿真效果

项目二　螺旋桨模型的加工

项目目标

1. 掌握多轴铣削加工。
2. 掌握可变轮廓线加工。
3. 掌握IPW的应用。

项目描述

利用多轴加工方式在螺旋桨叶片物体上编制程序，使用加工刀轨加工出零件表面质量符合加工要求。

项目分析

根据螺旋桨物体创建工件进行粗加工，利用 IPW 进行计算，完成桨片的精加工。

项目知识与技能

一、项目模型

螺旋桨模型如图 6—2—1 所示。

图 6—2—1　螺旋桨模型

二、加工步骤

第一步　打开零件文件进入加工环境

（1）选择"开始"→"所有程序"→"Siemens NX8.5"→"NX8.5"命令，进入 NX8.5 启动界面。

（2）在 NX8.5 启动界面中选择"文件"→"打开"命令，或单击工具栏中 ⬚ 按钮，弹出"打开"对话框。

（3）在对话框中选择文件 D：\ project6 \ Propeller. prt，单击 ⬚确定 按钮打开文件，打开的零件如图 6—2—2 所示。

（4）选择"开始"→"加工"命令，弹出"加工环境"对话框，如图 6—2—3 所示。

图 6—2—2　打开的零件

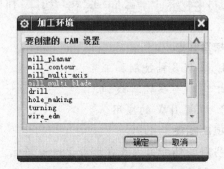

图 6—2—3　"加工环境"对话框

（5）在"加工环境"对话框的"要创建的 CAM 设置"列表框中选择"mill_ multi_ blade"选项，单击 确定 按钮，完成加工环境的初始化工作，进入加工模块。

第二步　创建刀具组

创建刀具。在"导航器"工具条中单击"机床视图"按钮，将工序导航器切换到机床视图。单击"插入"工具条的 按钮，弹出"创建刀具"对话框，选择加工类型为"mill_ planar"，在"创建刀具"对话框的"刀具子类型"面板中单击"MILL" 按钮，在"名称"文本框中输入"MILL_ D12R0.5"，如图 6—2—4 所示，单击"确定"按钮，设置刀具相关参数以及显示刀柄如图 6—2—5 所示。

图 6—2—4　"创建刀具"对话框

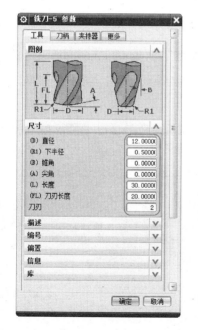
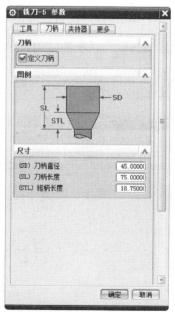

图 6—2—5　"铣刀参数"对话框

单击"插入"工具条的 按钮，弹出"创建刀具"对话框，选择加工类型为"mill_ planar"，在"创建刀具"对话框的"刀具子类型"面板中单击"MILL" 按钮，在"名称"文本框中输入"MILL_ D6R3"，如图 6—2—6 所示，单击"确定"按钮，设置刀具相关参数以及显示刀柄如图 6—2—7 所示。

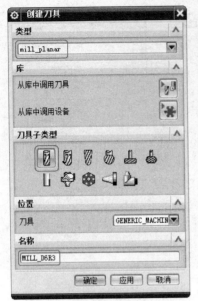

图 6—2—6 "创建刀具"对话框

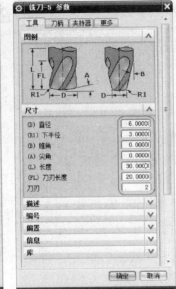

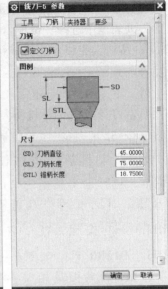

图 6—2—7 "铣刀参数"对话框

单击"插入"工具条的 按钮，弹出"创建刀具"对话框，选择加工类型为"mill_planar"，在"创建刀具"对话框的"刀具子类型"面板中单击"MILL" 按钮，在"名称"文本框中输入"MILL_D6"，如图 6—2—8 所示，单击"确定"按钮，设置刀具相关参数以及显示刀柄如图 6—2—9 所示。

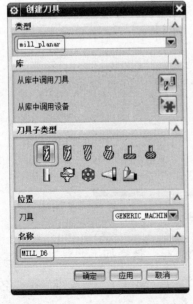

图 6—2—8 "创建刀具"对话框

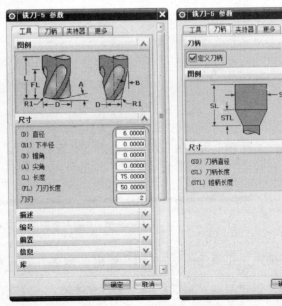

图 6—2—9 "铣刀参数"对话框

第三步　创建加工程序组

（1）在"刀片"工具条中单击"创建程序"按钮 ，弹出"创建程序"对话框，如图 6—2—10 所示。在该对话框中选择"类型"下拉表框中的"mill_ contour"选项，在"名称"文本框中输入"PROGRAM_ CU"。

（2）单击"确定"按钮，弹出"程序"对话框。如图 6—2—11 所示。

图 6—2—10　"创建程序"对话框

图 6—2—11　"程序"对话框

（3）在"刀片"工具条中单击"创建程序"按钮 ，弹出"创建程序"对话框，如图 6—2—12 所示。在该对话框中选择"类型"下拉表框中的"mill_ contour"选项，在"名称"文本框中输入"PROGRAM_ CU2"。

（4）单击"确定"按钮，弹出"程序"对话框。如图 6—2—13 所示。

图 6—2—12　"创建程序"对话框

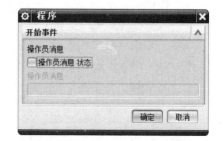

图 6—2—13　"程序"对话框

（5）在"刀片"工具条中单击"创建程序"按钮 ，弹出"创建程序"对话框，如图 6—2—14 所示。在该对话框中选择"类型"下拉表框中的"mill_ multi_ axis"选项，在"名称"文本框中输入"PROGRAM_ J"。

（6）单击"确定"按钮，弹出"程序"对话框。如图 6—2—15 所示。单击"确定"

按钮，完成"叶轮"程序的创建。

图 6—2—14 "创建程序"对话框

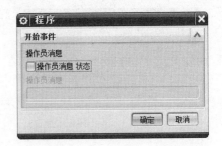

图 6—2—15 "程序"对话框

第四步 创建加工工序

（1）加工工序。在"刀片"工具条中单击"创建工序"按钮，弹出"创建工序"对话框，在"类型"下拉列表框中选择"mill_contour"选项，在"工序子类型"选项组中单击"型腔铣"按钮，在"程序"下拉列表框中选择"PROGRAM_CU"选项，在"刀具"下拉列表框中选择"MILL_D12R0.5"选项，在"几何体"下拉列表框中选择"NONE"选项，在"方法"下拉列表框中选择"METHOD"选项，输入名称"CAVITY_MILL_CU"，如图6—2—16 所示，单击"确定"按钮，弹出如图6—2—17 所示的"型腔铣"对话框。

图 6—2—16 "创建工序"对话框

图 6—2—17 "型腔铣"对话框

（2）指定部件。在"几何体"对话框中单击"指定部件"按钮 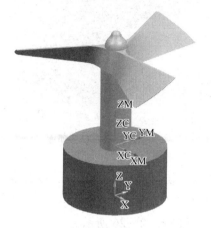，弹出"部件几何体"对话框，如图 6—2—18 所示。选择螺旋桨体为几何体对象，如图 6—2—19 所示。

图 6—2—18 "部件几何体"对话框

图 6—2—19 "几何体"对象

（3）指定毛坯。在"几何体"对话框中单击"指定毛坯"按钮，弹出"毛坯几何体"对话框，如图 6—2—20 所示。选择"反转显示或隐藏"按钮 显示毛坯体，选择该体为几何体对象，如图 6—2—21 所示。

图 6—2—20 "部件几何体"对话框

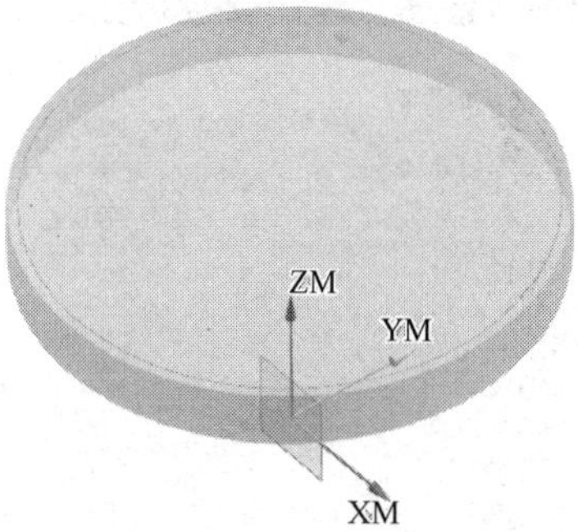

图 6—2—21 "几何体"对象

（4）在"刀轨设置"对话框中单击"切削模式"选择 跟随周边 按钮，并设置"最大距离"为"0.5 mm"。

点击"切削层" 按钮，在"范围 1 的顶部"下"选择对象"为毛坯体上表面，如图 6—2—22 所示，在"范围定义"下"选择对象"为毛坯体下表面，如图 6—2—23 所示，删除列表中的 50.75 深度，如图 6—2—24 所示。

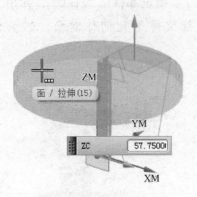

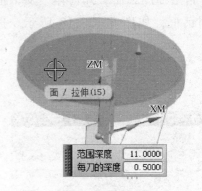

| 图 6—2—22　顶面 | 图 6—2—23　底面 |

点击"切削参数" ▤ 按钮，设置策略中相关选项，切削方向为"顺铣"、切削顺序为"深度优先"、刀路方向为"向内"，如图 6—2—25 所示，在余量中将部件侧面余量设为"0.2"，如图 6—2—26 所示。

在"非切削移动" ▦ 对话框的"转移/快速"中，安全设置下"安全设置选项"选择"自动平面"，安全距离为 3；区域之间下"转移类型"为"前一平面"，安全距离为 3；区域内下"转移类型"选择"前一平面"，安全距离为 3，如图 6—2—27 所示。

图 6—2—24　"切削层"对话框

图 6—2—25　"切削参数-策略"对话框

图6—2—26 "切削参数-余量"对话框

图6—2—27 "非切削移动-转移/
快速"对话框

（5）生成刀具轨迹。在"型腔铣"对话框中单击"生成刀轨"按钮![],生成的刀具轨迹如图6—2—28所示,单击"确定"按钮。

（6）型腔铣加工工序仿真。在"型腔铣"对话框中单击"确认刀轨"按钮![],弹出"可视化刀轨轨迹"对话框,选择"2D动态"选项卡,将"生成IPW"选项选择"中等",并且勾选![]将IPW保存为组件,如图6—2—29所示,单击"播放"按钮![],进入加工仿真环境,仿真结果如图6—2—30所示,点选"创建"按钮,完成IPW的创建,如图6—2—31所示。

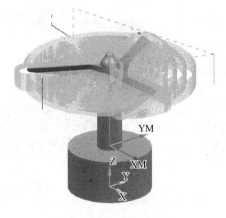

图6—2—28 生成刀轨

图6—2—29 "刀轨可视化"对话框

图 6—2—30　仿真效果

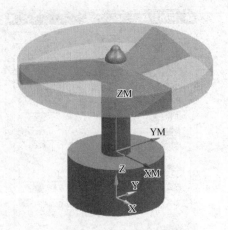

图 6—2—31　IPW 体

（7）复制 CAVITY＿ MILL＿ CU 程序，在 PROGRAM＿
CU2 下进行内部粘贴，如图 6—2—32 所示。

（8）双击编辑 CAVITY＿ MILL＿ CU＿ COPY 进行编辑，
重新指定毛坯，取消上次毛坯体，同时进行隐藏，选择刚创
建的 IPW 体为新毛坯体，如图 6—2—33 所示。

（9）隐藏 IPW 体。

（10）设定刀轴方向，"指定矢量"选择工件摆放角度为
图 6—2—34 所示，选择矢量方式为 ⬚。

（11）指定切削区域为图 6—2—35 所示。

图 6—2—32　工序导航器

（12）生成刀具轨迹。在"型腔铣"对话框中单击"生成刀轨"按钮 ⬚，生成的刀具
轨迹如图 6—2—36 所示，单击"确定"按钮。

图 6—2—33　"毛坯几何体"对话框

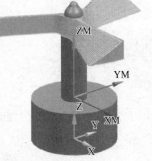

图 6—2—34　矢量方向

图 6—2—35 切削区域

图 6—2—36 生成刀轨

（13）对刀具轨迹进行变换。右键点击程序选择"对象"→"变换"，如图 6—2—37 所示，弹出"变换"对话框。在类型中选择"绕直线旋转"，同时设置变化参数，直线方法为"点和矢量"，指定点为 X0、Y0、Z0，指定矢量为"＋ZC"，角度为"120"；结果类型为"复制"，非关联副本数为"2"，设置完成如图 6—2—38 所示，"工序导航器"显示为如图 6—2—39 所示，确定完成后如图 6—2—40 所示。

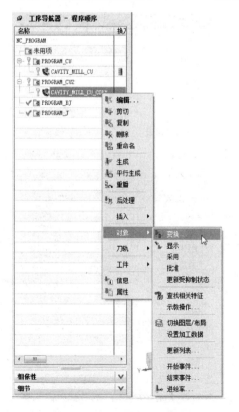

图 6—2—37 "对象"选项图

图 6—2—38 "变换"对话框

图 6—2—39　工序导航器

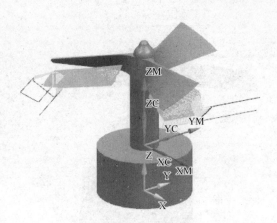

图 6—2—40　"变换"刀轨

（14）创建加工工序。在"刀片"工具条中单击"创建工序"按钮![img]，弹出"创建工序"对话框，在"类型"下拉列表框中选择"mill_ planar"选项，在"工序子类型"选项组中单击"底面和壁"按钮![img]，在"程序"下拉列表框中选择"PROGRAM_ J"选项，在"刀具"下拉列表框中选择"MILL_ D6"选项，在"几何体"下拉列表框中选择"NONE"选项，在"方法"下拉列表框中选择"METHOD"选项，输入名称"FLOOR_ WALL"，如图6—2—41 所示，单击"确定"按钮，弹出如图6—2—42 所示的"底面壁"对话框。

图 6—2—41　"创建工序"对话框

图 6—2—42　"底面壁"对话框

（15）指定部件。在"几何体"对话框中单击"指定部件"按钮，弹出"部件几何体"对话框，如图6—2—43所示。选择螺旋桨体为几何体对象，如图6—2—44所示。

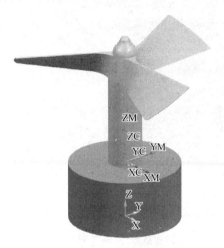

图6—2—43 "部件几何体"对话框　　　　**图6—2—44 "几何体"对象**

（16）指定切削区底面。在"几何体"对话框中单击"指定部件"按钮，弹出"切削区域"对话框，如图6—2—45所示。选择螺旋桨体为几何体对象，如图6—2—46所示。

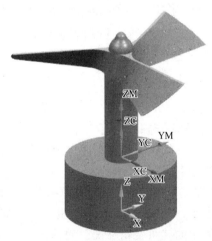

图6—2—45 "切削区域"对话框　　　　**图6—2—46 "几何体"对象**

（17）在"刀轨设置"对话框中单击"切削模式"选择 往复 按钮。

点击"切削参数" 按钮，设置策略中相关选项，切削方向为"顺铣"、切削角为"双向矢量"、指定方向为"+YC"，如图6—2—47所示。

在"非切削移动" 对话框的"转移/快速"中，"安全设置选项"选择"自动平面"，安全距离为3，如图6—2—48所示。

图 6—2—47 "切削参数-策略"对话框

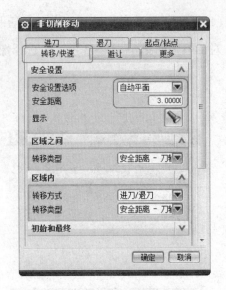

图 6—2—48 "非切削移动-转移/快速"对话框

（18）生成刀具轨迹。在"底面壁"对话框中单击"生成刀轨"按钮，生成的刀具轨迹如图 6—2—49 所示，单击"确定"按钮。

（19）创建加工工序。在"刀片"工具条中单击"创建工序"按钮，弹出"创建工序"对话框，在"类型"下拉列表框中选择"mill_multi-axis"选项，在"工序子类型"选项组中单击"可变轮廓铣"按钮，在"程序"下拉列表框中选择"PROGRAM_ BJ"选项，在"刀具"下拉列表框中选择"MILL_ D6R3"选项，在"几何体"下拉列表框中选择"NONE"选项，在"方法"下拉列表框中选择"METHOD"选项，输入名称"VARIABLE_ CONTOUR"，如图 6—2—50 所示，单击"确定"按钮，弹出如图 6—2—51 所示的"可变轮廓铣"对话框。

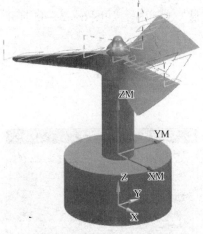

图 6—2—49 生成刀轨

（20）指定驱动方法。在"驱动方法"对话框中选择"流线"单击"编辑"按钮，弹出"流线驱动方法"对话框，如图 6—2—52 所示。在驱动曲线选择下选择方法为"指定"，流曲线 1 为螺旋桨上表面曲线，如图 6—2—53 所示，点击鼠标中间确认，选择流曲线 2 为螺旋桨下表面曲线，如图 6—2—54 所示。驱动设置下的刀具位置为"相切"、切削模式为"螺旋或螺旋式"、步距为"残余高度"、最大残余高度为"0.1"，如图 6—2—55 所示。

图 6—2—50 "创建工序"对话框

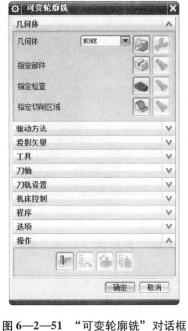

图 6—2—51 "可变轮廓铣"对话框

图 6—2—52 "流线驱动方法"对话框

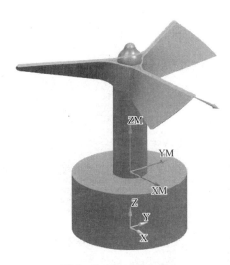

图 6—2—53 流曲线 1

图 6—2—54　流曲线 2

图 6—2—55　"驱动设置"对话框

（21）指定投影矢量。在"矢量"对话框中选择"朝向驱动体"。

（22）指定刀轴。在"轴"对话框中单击"侧刃驱动体"，点击指定侧刃方向按钮，弹出"选择侧刃驱动方向"对话框，选择方向为向上，如图 6—2—56 所示，指定侧倾角为"15"。

（23）指定刀轨设置。

点击"切削参数"按钮，在余量中对话框中将部件侧面余量设为"0.1"，如图 6—2—57 所示。

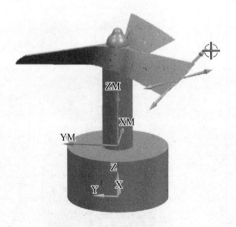

图 6—2—56　选择方向

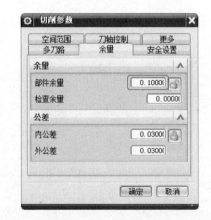

图6—2—57　"切削参数-
余量"对话框

（24）生成刀具轨迹。在"可变轮廓铣"对话框中单击"生成刀轨"按钮，生成的刀具轨迹如图 6—2—58 所示，单击"确定"按钮。

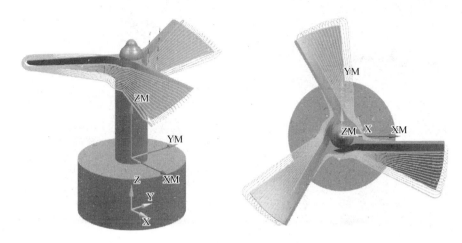

图6—2—58 生成刀轨

（25）复制 VARIABLE ＿ CONTOUR 程序，在 PROGRAM＿ J 下进行内部粘贴，如图6—2—59 所示。

（26）将复制的程序进行修改，在驱动设置下的步距设为"恒定"、最大距离为"0.15"，如图6—2—60 所示。

（27）指定刀轨设置。

点击"切削参数" 按钮，在余量中对话框中将部件侧面余量设为"0"，公差设为"内公差0.01"、"外公差0.01"如图6—2—61 所示。

（28）生成刀具轨迹。在"可变轮廓铣"对话框中单击"生成刀轨"按钮，生成的刀具轨迹如图6—2—62 所示，单击"确定"按钮。

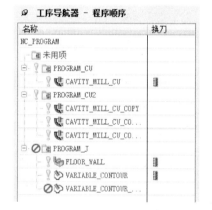

图6—2—59 工序导航器

图6—2—60 "驱动设置"对话框　　　　图6—2—61 "切削参数—余量"对话框

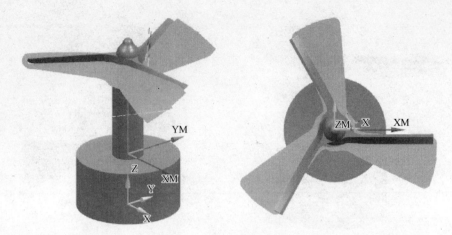

图 6—2—62　生成刀轨